KB179668

# 수학 언어로
# 탈무드를 읽다

# 수학 언어로 탈무드를 읽다



초판 1쇄 인쇄일 2020년 9월 14일
초판 1쇄 발행일 2020년 9월 22일

기 획 지브레인 과학기획팀 지은이 이보경
펴낸이 김지영 펴낸곳 지브레인Gbrain
편 집 김현주 감수 박구연
마케팅 조명구 제작 · 관리 김동영

출판등록 2001년 7월 3일 제2005-000022호
주소 04021 서울시 마포구 월드컵로7길 88 2층
전화 (02)2648-7224 팩스 (02)2654-7696

ISBN 978-89-5979-652-6(03410)

• 책값은 뒤표지에 있습니다.
• 잘못된 책은 교환해 드립니다.

# 수학 언어로 탈무드를 읽다

지브레인 과학기획팀 기획　이보경 지음　박구연 감수

탈무드는 5000년 유대인 역사의 '집대성'이며 지혜의 보고寶庫이다. 탈무드를 만든 사람은 위대한 랍비 한 사람이 아닌, 수백 수천의 랍비들과 그들의 뛰어난 스승, 그 스승의 스승들이었다.

탈무드의 명맥이 끊어지지 않고 수백 년간 이어져 올 수 있었던 이유는 그들만의 독특한 교육방식을 통해 굳건한 종교적 믿음을 생활화하고 후세에 고스란히 전달하고자 했던 유대인들의 열망이 있었기 때문이다. 그래서 탈무드는 완료형이 아닌 현재진행형이다.

탈무드의 역사는 유대인의 성문成文 율법인 '모세 5경Torah' 에서 시작된다.

유대인의 율법은 두 가지가 있다.

1점, 1획도 바꿀 수 없는 성문 율법 토라Torah와 선대 지도자로부터 후대 지도자에게 입에서 입으로 전해지던 구전口傳

율법 미쉬나[Mishnah]다.

토라가 헌법이라면, 미쉬나는 유대인의 생활율법과 같다. 미쉬나는 아주 소소한 생활 규범부터 상법, 가정법, 민법, 철학, 역사, 과학 등 삶과 직접 연결되는 율법으로 구성되어 있다.

랍비들은 오랜 세월에 걸쳐 구전 율법인 미쉬나를 성문화했고 해설서인 게마라[Gemara]를 만들었다. 이 미쉬나와 게마라를 합쳐 탄생한 것이 탈무드다.

탈무드는 총 63권 6부, 63제, 525장, 4,187절로 되어 있으며 1만 2천 페이지에 무게가 자그마치 75kg에 달하는 방대한 책이다.

탈무드에는 BC500~AD500년까지, 약 천 년에 걸친 세월 동안, 각 시대와 상황에 맞게 미쉬나를 해석한 내용이 담겨 있다. 탈무드는 다수와 소수, 심지어는 반대의견에 이르기까지 다양한 시각과 관점을 모두 포용하고 있다.

이 책은 탈무드 이야기 중 10편을 다루고 있다. 탈무드라는 광활한 바다 위에 떠 있는 작은 무인도 백사장의 모래 한 알 정도에 불과하지만 10편의 이 작은 모래 알 이야기를 통해 우리는 탈무드라는 광활한 바다의 이야기를 조금이나마 들을 수 있다.

탈무드 안에는 유대인의 종교를 넘어선 역사, 철학, 과학, 수학, 심리학, 천문학 등 다양한 분야의 이야기가 담겨 있다. 특히 수학과 과학의 눈으로 바라본 탈무드는 더욱 흥미롭다.

우리가 살고 있는 현대 사회는 완전한 과학의 시대지만 탈무드 시대도 수학은 중요했다. 아니 수학은 인류의 역사와 함께 성장해왔다.

이 책에서 다루어지는 수학과 과학은 전문적이거나 복잡하지 않다. 볼펜과 계산기를 준비할 필요도 없다. 이 책은 탈무드를 통해 우리 삶 속에 있는 몇 가지 수학 이야기를 말하고 있을 뿐이다.

탈무드는 평생을 바쳐 공부해도 한 번을 끝내기 어려운 방대한 책이다.

하지만 작은 조각을 통해 전체를 유추할 수 있는 '프랙탈 이론'처럼 10편의 이야기를 통해 탈무드 속에서 수학을 중심으로 한 과학의 세계를 만나볼 수 있을 것이다.

탈무드는 유대인이 시작했지만, 탈무드에 담긴 열린 토론과 질문, 다양한 시각을 포용하는 논리 체계는 이제 전 인류가 공유하고 그 뒤를 이어 써 내려가고 있는, 인류의 자산 중 하나다.

이보경

목차

# 굴뚝 청소를 하는 두 소년

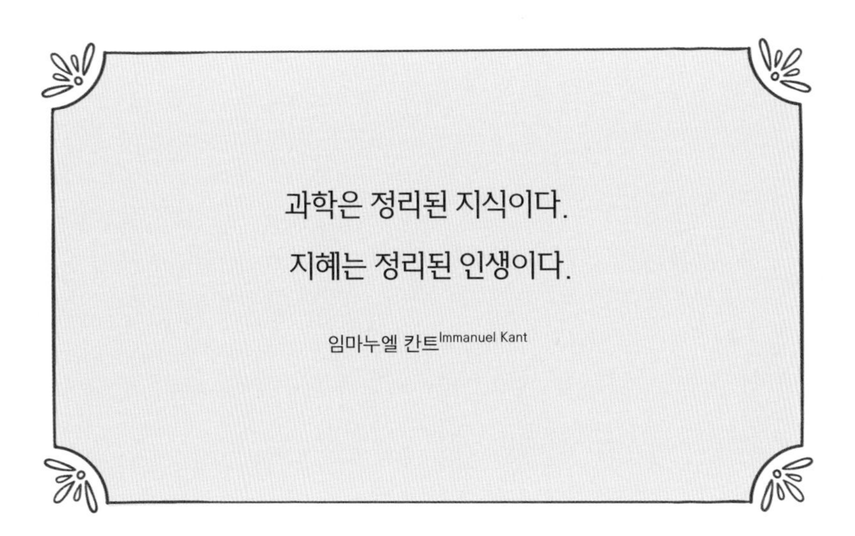

과학은 정리된 지식이다.

지혜는 정리된 인생이다.

임마누엘 칸트 Immanuel Kant

# 굴뚝 청소를 하는 두 소년

한 청년이 탈무드를 배우기 위해 랍비를 찾아갔다.

"랍비님! 저는 탈무드를 배우고 싶습니다."

랍비는 청년을 보더니 이렇게 말했다.

"탈무드는 아무나 배울 수 있는 책이 아니니 돌아가시오."

하지만 청년은 포기하지 않고 간청했다.

그러자 랍비는 문제를 하나 풀면 제자로 받아주겠다고 했다.

"어느 날 두 아이가 굴뚝 청소를 했네. 굴뚝에서 나온 두 아이 중 한 아이는 얼굴에 재가 묻어 검었고 한 아이는 깨끗했다네. 둘 중 누가 얼굴을 씻었겠는가?"

청년은 잠시 생각하다가 말했다.

"당연히 얼굴에 재가 묻은 아이겠지요."

랍비는 청년의 대답을 듣자 고개를 저으며 말했다.

"틀렸네! 정답은 얼굴이 하얀 아이라네."

청년은 의아해하며 왜 그런지 물었다.

청년의 물음에 랍비는 다음과 같이 대답했다.

"잘 생각해보게나. 얼굴이 검은 아이는 깨끗한 얼굴의 아이를 보고 자신의 얼굴도 깨끗할 거로 생각했다네. 하지만 깨끗한 얼굴을 한 아이는 재가 묻은 아이의 얼굴을 보자 자신도 얼굴이 더러워졌을 것이라고 생각하고 바로 세수를 했지."

문제를 틀린 청년은 다시 한번 도전하게 해달라고 랍비를 졸랐다.

랍비는 다시 문제를 냈다.

"어느 날 두 아이가 굴뚝 청소를 했네. 굴뚝에서 나온 두 아이 중 한 아이의 얼굴은 재가 묻어 검었고 한 아이는 깨끗했다네. 둘 중 누가 얼굴을 먼저 씻었겠는가?"

청년은 당황하며 물었다.

"아까하고 똑같은 문제인데요? 그럼 답은 얼굴이 깨끗한 아이겠군요!"

그러자 랍비가 단호하게 말했다.

"아니라네. 둘 다 닦지 않았다네. 얼굴이 검은 아이는 얼굴이 깨끗한 아이를 보고 자기 얼굴도 깨끗하다고 생각하였고 얼굴이 깨끗한 아이는 얼굴이 검은 아이를 보고 자기 얼굴이 더러운 줄 알았다네. 그래서 자기 얼굴을 닦으려고 하는데 마침 그때 세수를 하지 않는 검은 얼굴의 아이를 보고 저 아이도 안 닦는데 나도 닦을 필요가 없겠네……. 하고는 세수를 하지 않았다네. 결론적으로 둘 다 세수를 하지 않았다네."

청년은 꼭 탈무드를 배우고 싶었기 때문에 다시 문제를 내달라고 랍비에게 간청했다.

"저는 꼭 탈무드를 배우고 싶습니다. 한 번 더 문제를 내주세요."

랍비는 곰곰이 생각하다가 똑같은 질문을 했다.

청년은 주저 없이 대답했다.

"두 아이 모두 얼굴을 닦지 않았습니다."

랍비는 고개를 저으며 대답했다.

"아니라네! 둘 다 세수를 했다네. 잘 생각해보게. 얼굴이 하얀 아이는 검은 얼굴의 아이를 보고 자신의 얼굴이 더러운 줄 알고 세수를 했다네. 얼굴이 검은 아이는 하얀 얼굴인 친구를 보고 자신의 얼굴이 깨끗할 거로 생각했지만 친구가 세수하는 모습을 보자, 저렇게 얼굴이 깨끗한데도 세수를 하다니 나도 해야지 하면서 세수를 했다네…….”

청년은 정말 이해할 수 없었지만 간절한 마음으로 마지막으로 문제를 한 번 더 내달라고 부탁했다.

“선생님! 저는 반드시 탈무드를 배우고 싶습니다. 마지막으로 문제를 한 번 더 내주세요.”

랍비는 청년이 간청하는 것을 보자 마지막이라며 문제를 냈다. 문제는 똑같은 것이었다.

청년은 바로 알겠다는 듯 대답했다.

“둘 다 세수를 했습니다.”

그러자 랍비는 대답했다.

“틀렸네! 굴뚝 청소를 했는데 얼굴에 검은 재를 안 묻힌다는 것이 말이 된다고 생각하나?”

답을 들은 청년은 갑자기 화가 났다. 일관성 없는 답을 하는 랍비의 태도가 이해되지 않았기 때문이다. 그래서 따지듯 물었다.

“선생님! 저는 철학을 공부한 사람입

니다. 이 이야기는 도저히 논리적으로 말이 안 되는 이야기라는 걸 아십니까?"

그러자 랍비가 웃으며 청년에게 말했다.

"바로 이것이 탈무드라네."

이 이야기는 탈무드를 공부하는 데 있어 획일적이고 단편적인 사고를 해서는 안 된다는 교훈을 주고 있다. 탈무드는 작은 일상을 다루는 것부터 종교적 해석까지 수많은 사람의 치열한 토론과 논리적인 해석이 모여 만들어진 거대한 빅데이터이며 여전히 진행형인 책이다.

하나의 상황을 여러 가지 관점에서 다루는 것은 탈무드를 공부하는 데만 필요한 것이 아니다. 일상에서 벌어지는 모든 일을 해결하는 데 있어 다양한 관점과 논리적인 해석은 아주 중요하다.

청년은 같은 질문에 다른 답을 내놓은 랍비를 이해할 수 없었다. 자신이 배운 지식과 논리적 추론에 의하면 하나의 상황에 하나의 답이 나와야 했기 때문이다. 랍비는 이런 청년을 한눈에 알아보았다. 그래서 다양한 해석이 가능한 문제를 낸 것이다.

답을 바로 가르쳐주지 않고 굳이 어려운 문제를 낸 것은 청년 스스로 깨닫기를 바라는 마음이었을 것이다.

탈무드 이야기 대부분은 우리에게 깊은 성찰과 사색을 하게 한다. 탈무드는 답을 내는 책이 아니다. 토론 친구인 '하브루타'와 치열한 논쟁을 통해 진리에 다가가는 과정이다. 상대방의 생각을 주의 깊게 듣고 거기에서 오류를 찾아내어 내 생각을 조리 있게 말하기 위해서는 경청과 논리는 필수다.

청년은 랍비에게 논리가 없다고 했지만 탈무드 속에 담긴 추론과 논리는 오히려 매우 다채롭다.

우리는'굴뚝 청소를 하는 두 소년의 이야기' 하나만으로도 탈무드가 얼마나 다양한 시각의 논리적 접근을 사랑하는지 알 수 있다.

## 귀납법

귀납법은 그리스의 철학자 아리스토텔레스가 토대를 만들었으며 17~19세기 베이컨, 뉴턴, 허셜 등 과학자들의 연구방법론으로 체계를 잡아간 논리적 방법론이다.

우리가 일상생활에서 관찰한 일정한 패턴과 사례들로부터 아직 알려지지 않은 상황들의 결론을 도출해내는 방식이 귀납법이다. 다시 말해, 하나의 특수한 사례에서 얻은 결과를 일반화할 수 있는 법칙을 만드는 게 귀납법이다.

'굴뚝에 들어간 두 소년' 이야기를 귀납적 방법으로 생각해보자.

1번

특수한 사례 : 아이의 얼굴은 검은 재로 새까맣다.

얻은 결과 : 아이는 굴뚝 안에서 나왔다.

일반화 법칙 : 굴뚝 안은 검은 재가 가득하다.

1번 사례에서 도출한 귀납적 법칙은 '굴뚝 안은 검은 재로 가득하다.'이다.

결국 굴뚝에서 나온 어떤 사람도 절대 하얀 얼굴이 될 수가 없다. 왜냐하면, 우리는 굴뚝 안에서 나온 아이의 얼굴이 검은 재로 새까만 것을 경험으로 관찰했기 때문이다.

귀납법으로 얻은 법칙이 신뢰를 갖기 위해선 많은 사례와 패턴이 필요하다. 그 사례와 패턴은 많으면 많을수록 좋다.

하지만 귀납법의 결론이 언제나 '참'이 될 수는 없다. 사례 하나만 바뀌어도 법칙이 바뀔 수 있기 때문이다.

1번의 사례를 조금만 바꿔보자.

특수한 사례: 아이는 굴뚝에서 나왔다.

얻은 결과: 아이의 얼굴은 깨끗하다.

일반화 법칙: 굴뚝 안은 깨끗하다. (굴뚝 안은 과연 검은 재가 가득하다고 할 수 있을까?)

아마 청년이 이 논리를 접한다면 이렇게 따지고 싶을지도 모른다.

'어떻게 굴뚝에 들어갔는데 얼굴이 더러워지지 않을 수 있단 말입니까? 제가 본 굴뚝 청소부들은 얼굴이 항상 새까맣단 말이에요!'

우리는 일상에서 경험한 결과를 통해 굴뚝 청소부의 얼굴은 새까맣다는 것을 안다. 하지만 과연 그것이 완벽한 '참'이 될 수 있을까? 우리에게 '굴뚝 청소'라는 단어는 '얼굴이 재로 더러워진다'라는 결과를 자연스럽게 떠오르게 한다.

그러나 단 한 번도 사용한 적이 없었던 굴뚝이었다면 어땠을까? 그것을 모르고 청소를 하러 들어간 소년의 얼굴은 시커먼 재로 뒤덮여 있었을까?

탈무드는 굴뚝 청소를 하는 아이들의 얼굴이 검게 될 수도 그렇지 않을 수도 있다는 양면의 상황을 이야기한다. 이것을 통해 정해진 결론만을 생각하는 자신만의 관념에 빠지지 말기를 당부한다.

그렇다고 해서 귀납법이 옳지 않다거나 틀렸다는 것이 아니다. 귀납법은 과학 실험이 발달하면서 함께 성장한 논리적 방법으로 과학 발전에 큰 역할을 했다.

과학자들은 귀납적 방법으로 수많은 실험을 통해 자신들의 생각이 옳다는 확신을 굳힐 수 있었다. 100번의 실험에서 '굴뚝에서 나온 아이의 얼굴이 검은 재로 새까맣다'는 높은 확률의 결과를 얻는다면, 그것은 '굴뚝 안은 새까만 재로 더럽다'는 증거가 될 수 있기 때문이다.

## 귀납법! 범인을 찾아줘!

귀납법은 우리가 일상에서 관찰한 특수한 패턴과 사례들로부터 일반화된 결론을 도출하는 과정으로 다양한 분야에 응용할 수 있다. 대표적인 사례가 프로파일링이다.

프로파일러들은 범인의 단서를 잡기 위해 수많은 자료와 데이터를 모은다. 비슷한 사건의 데이터를 접하다 보면 일정한 패턴을 발견할 수도 있다.

어느 날, 논리 마을에 연쇄 방화사건이 발생한다. 이 사건에 투입된 실력 있는 프로파일러 '나귀납'씨! 그는 오랜 세월 방화범을 연구한 베테랑 프로파일러다.

'나귀납'씨는 방화범들의 수많은 사례분석과 방화패턴을 연구한 끝에 방화범들의 어린 시절이 대부분 불우했으며 정규교육을 제대로 받지 못했다는 것을 발견하게 된다.

또한 심한 가정폭력과 아동학대로 트라우마가 있었다는 것을 알게 되었다. 많은 수의 방화범은 지배욕이 강하며 우울 증상이 심하고 대부분 미혼이거나 최소 이혼 경력이 있다는 사실도 발견한다.

이 외에도 '나귀납'씨는 '방화범은 남자가 대부분이다. 독자이거나 여자 형제만 있다. 키가 크다. 아이큐가 높다. 뚱뚱하다. 결벽증이 있다. 어린시절 방화 경험이 있다' 등 수많은 데이터를 통해 방화범의 특성을 일반화시킨 '방화범 매뉴얼'을 만들게 된다.

이 매뉴얼에는 방화범의 성격적, 환경적, 심리적 특성을 수치화하여 방화범이 될 확률이 높은 사람의 유형과 패턴을 잘 파악하고 있었다.

논리 마을의 용의자는 5명! 이 중 누가 방화범인지 프로파일링을 해야 하는 '나귀납'씨가 용의자 5명의 신원을 파악하면서 가장 먼저 한 일은 '방화범 매뉴얼'을 검사한 것이었다.

## 방화범 매뉴얼

1. 귀하께서는 평소에 우울감을 느끼시나요?

    자주 그렇다. 그렇다. 보통이다.
    아니다. 전혀 아니다.

2. 귀하의 학력을 써주세요.

3. 형제는 몇 명입니까?

4. 결혼 여부를 써주세요.

    기혼 미혼

⋮

'나귀납'씨는 '방화범 매뉴얼' 검사를 꼼꼼히 분석한 뒤 5명의 용의자 중 메뉴얼에 가장 근접한 사람을 아주 빠른 시간 안에 찾아낼 수 있었으며 5명의 용의자 중 2명을 범인으로 지목했다. 이것은 오랜 세월 수집하고 연구한 방화범 행동 패턴과 사례 덕분이었다.

하지만 귀납적 추리에 의한 '방화범 매뉴얼'에도 오류가 발생할 수 있다. 하나하나의 개별 사례와 패턴을 모아 일반화를 시키는 과정은 매우 위험한 일이 될지도 모른다.

우리를 편견에 빠뜨릴 수 있으며 경험하지 못한 패턴이나 데이터 안에 없는 사례일 경우, 전혀 예측할 수 없으며 억울한 사람이 발생할 수도 있기 때문이다.

또한 개별 사례나 패턴에 대한 데이터양이 너무 적을 때는 새로운 상황을 예측할 수 있는 근거가 부족해질 수 있다.

특히 어디로 향할지 모르는 사람의 마음은 더욱 그렇다. 따라서 귀납적 추리를 절대 진리로 믿어서는 안 된다.

귀납법은 수학, 과학, 철학, 언어 등 수많은 영역에서 논리적 결론을 끌어내는 방법론으로 사용한다. 그뿐만 아니라 프로파일링에서는 귀납법을 바탕으로 하는 귀납적 추리를 통해 범인과 용의자 신상파악에 들이는 시간을 단축할 수 있다. 또한 인력을 효율적으로 배치하여 불필요한 인력낭비를 막을 수 있다는 점에서 아주 유용하다.

귀납적 추리는 컴퓨터가 발달하고 빅데이터 기술이 발전할수록 더욱 빛을 발하게 될지 모른다. 패턴과 사례가 많으면 많을수록 귀납적 추리의 결론은 더욱 정교해질 수 있기 때문이다.

## 수학적 귀납법

수학은 프로파일링과 달리 매우 정확하고 엄격한 귀납법을 사용한다. 수학에서 다루는 귀납적 명제들은 100% 증명될 수 있는 명제만이 참이 될 수 있다.

특히 수학적 귀납법은 자연수의 명제를 증명할 때 쓰는 것으로 이탈리아의 수학자이자 논리학자인 페아노Giuseppe Peano의 '공리계' 중 5번 공리를 바탕에 두고 있다.

페아노.

페아노의 공리계는 1+1=2가 되는 이유를 쉽게 증명했으며 페아노의 공리계 1~4번까지의 귀납적 결론이 5번 공리다.

페아노의 공리계는 다음과 같다.

1. 1은 자연수다.
2. $n$이 자연수면, $n$ 다음 수는 자연수다.
3. $n$ 다음 수를 $n'$로 쓰면, $n'=1$인 자연수 $n$은 없다.
4. $m$과 $n$이 다르면, $m'$와 $n'$도 다르다.
5. $0 \in P$ 이고, 모든 $n \in P$에 대해 $n' \in P$가 성립하면
   P는 자연수 집합을 포함한다.

## 연역법

연역법은 고대 그리스의 철학자인 아리스토텔레스가 토대를 쌓았으며 프랑스의 수학자이자 철학자인 데카르트가 체계를 만들었다. 데카르트는 인간의 이성을 통해 세상을 설명하고자 했다.

데카르트는 '나는 생각한다. 고로 존재한다'라는 연역적 방법에 따른 명제를 도출해냄으로써 서양 사상사의 물길을 바꿨다.

데카르트의 이러한 생각은 교회중심사회였던 당시, 코페르니쿠스의 '지동설'만큼이나 매우 충격적이고 획기적인 사상이었다.

'연역법'은 확실하고 절대 불변인 일반 명제로부터 특수한 다른 명제를 도출해내고 결론에 이르는 논리적 추론방법이다. 다시 말해, 일반적인 명제로부터 특수한 결론을 도출해내는 것이다.

따라서 특수한 상황과 사례를 통해 일반화된 법칙을 도출하는 '귀납법'과는 대척점을 이루고 있는 논리적 추론방법이다.

그중 3단 논법은 연역적 추론방법의 대표적인 논리 방식이다. 일정한 명제로부터 결론을 도출해내는 3단 논법은 대전제-소전제-결론의 형식을 띤다.

'귀납법'은 특수한 사례에서 나타나는 다양한 결과를 비약적으로 상상할 수 있다면 '연역법'의 추론 영역은 넓지 않다. 첫 번째 대전제가 되는 명제를 벗어날 수 없기 때문이다.

결국 '연역법'은 대전제를 증명하기 위해 결론을 도출하는 논리적 방법이다. 대전제가 참이면 결론은 참이 된다.

3단 논법의 예는 다음과 같다.

모든 사람은 죽는다. 대전제 - 불변의 진리

이순신은 사람이다. 소전제

이순신은 죽는다. 결론

이 3단 논법을 '굴뚝 청소를 하는 두 소년'의 이야기에 적용해보자.

대전제 얼굴이 더러우면 씻어야 한다.

소전제 굴뚝에서 나온 친구 얼굴이 더럽다.

결론 굴뚝에서 나오면 씻어야 한다.

3단 논법의 종류에는 정언定言, 가언假言, 선언選言 삼단논법이 있다. 우리가 일반적으로 삼단논법이라고 하는 것이 위에서 설명한 정언삼단논법이다.

가언삼단논법은 '만일 A라면 B다', 'B라면 C다', 그래서 A는 C다'라는 형식의 삼단논법이다.

'만일 굴뚝에서 나온다면 얼굴이 더러워 질 것이다' '얼굴이 더러워지면 씻어야 한다' '그래서 굴뚝에서 나오면 얼굴을 씻어야 한다' 라는 연역적 추리가 있을 수 있다. 이 방법이 가언적 삼단

논법이다.

선언적 삼단논법은 'A 또는 B가 참이다' 'A는 참이 아니다' '그러므로 B가 참이다'와 같은 형식의 삼단논법이다.

'굴뚝에서 나온 사람의 얼굴은 재가 묻어 새까맣거나 재가 묻지 않아 하얗다.'

'굴뚝에서 나온 이 소년의 얼굴은 재가 묻지 않아 새까맣지 않다.'

그러므로 '이 소년의 얼굴에는 재가 묻지 않아 하얗다.'

이것이 선언적 삼단논법이다.

연역적 방법이 무조건 논리적으로 완벽하다고 할 수는 없다. 연역적 추리의 대전제는 우리의 경험에 의한 것이 많으므로 절대 진리일 것 같던 대전제가 잘못될 수도 있다.

다음 예를 보자.

(대전제) 새는 날아다닌다.

(소전제) 타조는 새다.

(결론) 타조는 날아다닌다.

이 결론은 틀렸다. 바로 우리 곁에 있는 닭과 오리도 새과지만 날지는 못하기 때문에 모든 새가 날 수 있는 것은 아니란 증거는 얼마든지 있다. 그리고 과학이 발달하고 세계를 탐험할 수 있게 되면서 모든 새가 날 수 있다는 것이 거짓이라는 것을 우리는 더 확실히 확인했다.

# 명탐정 '유'! 범인을 찾아라.

논리 마을에는 또 한 명의 유능한 전직 형사가 투입되었다. 그 사람은 바로 '유연역' 탐정!

유연역 탐정은 40년 경력의 베테랑 강력계 형사 출신으로 매우 노련하고 경험이 많은 탐정이다.

유연역 탐정이 추론하는 방식은 연역적 프로파일링! 유 탐정은 연역적 방법으로 사건을 해결하는 베테랑 탐정이다.

연역적 프로파일링은 범행수법, 범죄현장에서 수집한 DNA, 혈흔, 지문, 부검 등의 법의학적 증거, 심리적 특성 등의 수많은 자료를 바탕으로 범인을 추정해가는 방법이다.

현대사회는 일반화가 힘든 사건들도 자주 보여 연역적 프로파일링과 귀납적 프로파일링이 서로의 약한 고리를 보완해주고 있다.

'귀납적 프로파일링'과는 반대로 벌어진 사건에서 범인의 특수한 패턴과 사례를 찾아내 결론을 좁혀가는 방식인 것이다.

기존의 특수한 패턴과 사례에서 방화범의 일반적인 특성을 찾아내는 귀납법적 추론과는 반대인 셈이다.

'나귀납' 프로파일러가 '방화범 매뉴얼'을 통해 아주 신속하고 빠르게 범인을 지목했던 것과는 달리 유연역 탐정은 매우 신중했다. 또한 이 사건에는 유 탐정이 이끄는 전문가팀이 함께 투입되었다. 그들은 사회학, 심리학, 법의학 심지어는 소방관에 이르기까지 각 분야의 전문가로 구성된 팀이었다.

유 탐정팀은 매일매일 사건 현장과 사진, 용의자 면담을 통해 범인의 방화수법과 신체적 특징을 찾아낼 수 있었다.

예를 들자면 '방화범의 것으로 추정되는 장갑 두 짝 중 왼쪽 장갑의 마모도가 더 심한 것으로 보아 범인은 왼손잡이일 것이다'와 같은 추론이다.

범죄현장에서 수집된 수많은 증거물 속에서 범인만의 특수한 특징과 패턴을 찾아내는 작업인 것이다.

이러한 방식으로 사건을 풀어나가는 것을 연역적 프로파일링이라고 한다. 유 탐정이 이끄는 팀은 연역법을 이용한 세밀하고 꼼꼼한 추론방법을 통해 한 명의 범인을 지목하게 되었다.

그 범인은 '나귀납' 프로파일러의 귀납적 추론을 통해 지목된 2명의 용의자 중 한 명이었고 결국 범인은 자백했다. 그 덕분에 범인으로 지목된 또 한 명의 용의자는 억울함을 풀 수 있었다.

연역적 프로파일링의 장점은 억울한 피해자를 줄일 수 있다는 것이다.

연역적 프로파일링은 수많은 증거물 속에서 범인만의 특징과 패턴을 찾아낸다.

또한 경험이 풍부한 프로파일러와 조력자들이 함께 모여 다각적이고 세밀한 분석을 하므로 정확도가 매우 높다는 것이다.

하지만 이러한 연역적 프로파일링에도 단점이 있다. 다각적인 자료 분석은 아무나 할 수가 없다. 이 분야에 깊이 있는 전문지식과 경험이 있어야 가능하다. 이런 자격을 가진 프로파일러를 양성하기에는 몇 년에서 몇십 년이 걸린다.

빅데이터 기술이 발전하는 속도 만큼 노련하고 실력 있는 프로파일러를 길러내는 속도가 비례하지는 않는다. 또한 연역적 프로파일링 기법으로 사건을 해결하는 데는 상당한 시간이 필요하다. 따라서 빠르게 범인을 잡아야 하는 급박한 사건에는 유용하지 않을 수 있다. 분석하고 있는 시간에 범인은 멀리 도망가버릴 수도 있기 때문이다.

프로파일링이 매우 발달한 미국의 FBI는 빅데이터 기술을 이용한 귀납적 프로파일링과 유능한 프로파일러들로 구성된 조직이 팀이 되어 사건해결을 위한 보완적 관계를 맺으며 활동하고 있다고 한다.

다양한 패턴의 사건 데이터가 많으면 많을수록 귀납적 프로파일링은 훨씬 유리하다. 그래서 귀납적 프로파일링은 일정한 패턴이 반복되는 사건들에 많은 도움이 되며 아주 빠르고 신속하게 사건의 정황을 파악할 수 있다.

하지만 사람은 일정한 패턴대로 움직이지 않는다. 현대에는 기존의 패턴에서 찾아볼 수 없는 사건들도 자주 발생한다. 일반화가 힘든 사건들이다. 이런 사건들은 일반적인 사건에서 특수한 범인만의 패턴을 찾아내는 연역적 추론이 필요하다.

연역적 추론은 시간이 오래 소요된다는 점과 처음에 설정한 사건의 대전제가 틀리면 이후 분석하는 모든 패턴의 방향이 전부 틀려버릴 수 있다는 단점이 있지만, 그럼에도 불구하고 빅데이터가 흉내낼 수 없는 인간 고유영역의 통찰력을 발휘할 수 있는 분야다.

오늘날 연역적 프로파일링과 귀납적 프로파일링은 서로의 약한 고리를 보완해나가며 발전해 가고 있다.

더 알아보기

## 셜록 홈스의 가설적 추론

'왓슨! 추리를 하는데 있어서 중요한 것은 지식, 관찰 그리고 연역법이라네!(네 개의 서명)'

논리적 추론으로 유명한 분야를 꼽으라면 추리소설만 한 게 없을 것이다. 추리소설하면 떠오르는 가장 유명한 작품은 단연코 '셜록 홈스'다.

셜록 홈스는 자신의 추리를 연역법에 의한 추론이라고 말하고 있지만(네 개의 서명) 실제로 홈스가 우리를 매료시켰던 중심에는 홈스만의 독특한 추론법이 있었다. 그것은 바로 '가추법'! 가설적 추론법이다.

셜록 홈스 시리즈 중 하나인 '네 개의 서명'에서는 홈스의 신출귀몰한 추론법이 나온다. 홈스는 흙이 묻은 구두와 상처가 난 회중시계 등을 자세히 관찰하는 것만으로 동료인 왓슨이 우체국에서 전보를 치고 왔다는 사실과 아버지가 형에게 물려준 회중시계를 형이 죽고 난 후 물려받게 되었다는 것을 마치 실제 목격한 것 마냥 말한다(물론 이건 소설이다. 가추법이 실제로 이렇게 완벽하지는 않다).

여기에는 홈스의 세심한 관찰과 자신이 평소 알고 있던 왓슨의 생활 방식에 대한 지식을 활용했다. 이것은 연역법과 귀납법을 적절히 적용한 홈스의 추론방식의 결과물이기도 하지만, 일정한 패턴과 세심한 관찰로 알게 된 사실을 통해 특정한 사례를 추론하는 '가설적 추론법'이 사용되었다.

'가추법(가설적 추론법)'은 연역법과 귀납법보다 오류가 더 많이 발견되는 불확실한 추론방법이다. 흙이 묻은 왓슨의 구두를 본 셜록은 공사 중인 우체국 앞이 진흙밭이라는 것을 떠올려 왓슨이 우체국에 갔을 거라고 추론했지만, 구두에 진흙이 묻을 가능성은 그 외도 수십 가지가 될 수 있기 때문이다.

그럼에도 가추법은 수많은 가능성에 대한 상상력을 가져다주는 추론법이다. 답이 정해져 있는 연역법이나 확장하기 힘든 일반화의 오류에 빠져 버릴 수 있는 귀납법과 비교해 '가추법'은 다양한 변수를 상상하게 해준다.

이것이 '셜록 홈스'를 추리소설의 대명사로 자리 잡게 한 추론 방식이며 인공지능이 아직까지 흉내낼 수 없는 인간만의 고유영역이다.

4차 산업시대가 시작되고 있다! 이제 우리에게 필요한 것은 '답정너(답은 정해져 있고 너는 대답만 하면 돼)'의 논리가 아닌 무한 상상력이 함께 하는 논리이다. 세상은 너무나 복잡해지고 있기 때문이다.

세계는 IT의 시대가 시작되었으며 이 시대는 무한한 상상력을 실현시킬 수 있는 시대이기도 하다.

## 페아노와 페아노 곡선

페아노는 이탈리아의 수학자이자 논리학자1858~1932로, 근대 수학적 논리학의 개척자로 불린다. 그는 자연수론을 처음으로 공리론적으로 전개했으며 현재 우리가 쓰고 있는 논리 기호를 도입한 수학자이기도 하다. 그의 수학적 업적 중 대표적으로 알려진 것이 '페아노의 공리계'로 알려진 자연수론의 공리화(30쪽 참조)와 페아노 곡선이다.

페아노가 공리계의 기호 논리학을 이용해 자연수 체계의 여러 가지 성질을 명확하게 한 것은 그의 수학적 업적으로 꼽히지만 이 공리계는 논리적 추론을 비롯해 많은 사항이 자명하다는 전제하에 증명되었기 때문에 완전한 것으로 보기는 어렵다는 것이 수학자들의 의견이다.

페아노의 또 다른 대표적인 업적인 페아노 곡선은 공간을 채우는 곡선으로 알려져 있으며 그 형태는 다음과 같다.

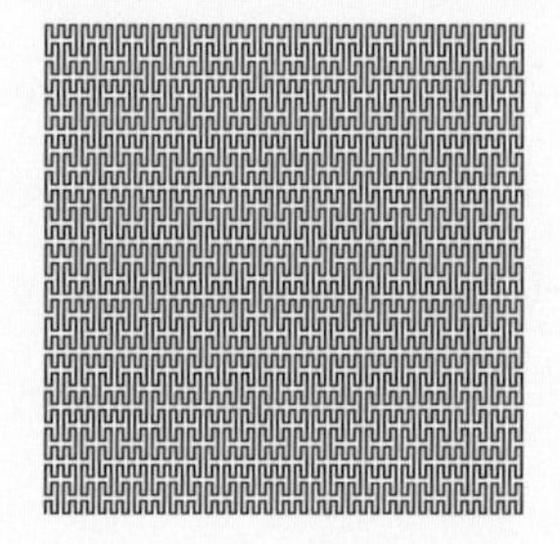

공간을 채우는 페아노 곡선 이미지.

페아노 곡선은 일반적으로 공간충전곡선空間充塡曲線으로 정의한다.

# 못생긴 랍비와 공주

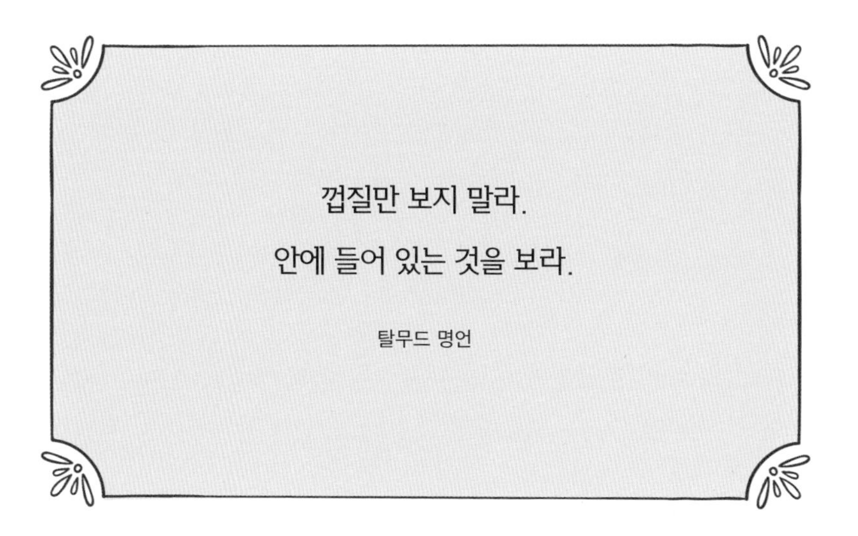

껍질만 보지 말라.

안에 들어 있는 것을 보라.

탈무드 명언

# 못생긴 랍비와 공주

매우 현명하고 영리하지만 못생긴 외모를 가진 랍비가 있었다.

이 소문을 들은 로마의 공주는 현명하고 영리한 랍비를 만나고 싶어 그를 왕궁으로 초대했다.

공주는 랍비의 명성에 비해 늙고 못생긴 외모를 보자 무척 실망스러워 비웃으며 말했다.

"너무 안타깝군요! 현명함과 훌륭한 지식이 이렇게 보잘 것 없는 그릇에 담겨 있다니요."

그러자 랍비는 당황하지 않고 공주에게 질문을 했다.

"공주님! 왕궁에는 아주 맛있는 술이 있지요?"

공주는 랍비의 질문에 답했다.

“당연히 있지요.”

“어디에 담겨 있나요?”

공주는 랍비의 질문이 이상했지만 자랑하듯 대답했다.

“그야 당연히 질그릇 항아리에 담겨 지하실에 보관하지요.”

그 말을 들은 랍비는 놀란 듯 공주에게 물었다.

“아니…… 이렇게 훌륭하고 멋진 왕궁에 금과 은으로 된 그릇이 많을 텐데…… 그렇게 하찮은 질그릇에 술을 담아 어두운 지하실에 보관하다니요. 왜 금과 은으로 된 멋진 항아리에 담아서 저 아름다운 정원의 양지 바른 곳에 두지 않으십니까?”

이 말을 들은 공주는 랍비의 말이 맞다고 생각했다. 그래서 왕궁에 있는 모든 질그릇 항아리에 담긴 술을 금과 은으로 만든 항아리에 옮겨 궁전 정원에 갖다 놓게 했다.

며칠이 지나 궁중만찬회가 열렸다. 황제는 술을 가져오라고 했다. 공주는 금과 은항아리에 보관해둔 술을 손님과 황제에게 자랑스럽게 대접했다.

하지만 술을 마신 황제는 얼굴을 찌뿌리며 공주에게 호통을 쳤다.

"도대체 술맛이 왜 이렇게 변한 것이냐?"

공주는 너무나 당황한 나머지 말을 잇지 못했다.

그리고 자신에게 술 항아리를 옮기라고 조언해준 랍비를 다시 불러 화를 내며 말했다.

"당신이 조언해준 대로 금과 은항아리에 술을 옮겨 담았는데 왜 술맛이 변했는지 말해보세요. 제대로 대답을 못 한다면 죽음을 면치 못할 것이오."

그 말을 들은 랍비는 빙그레 웃으며 말했다.

"공주님! 때론 아주 못생기고 투박한 그릇에 담겨 있을 때 그 능력을 제대로 발휘할 수 있는 것도 있답니다. 질그릇 항아리에 담긴 술처럼 말이지요."

공주는 그제서야 못생긴 랍비를 비웃었던 일이 생각났다. 그리고 랍비의 가르침에 자신의 잘못을 반성하게 되었다.

질그릇은 공기가 통하기 때문에 술맛을 지켜준다.

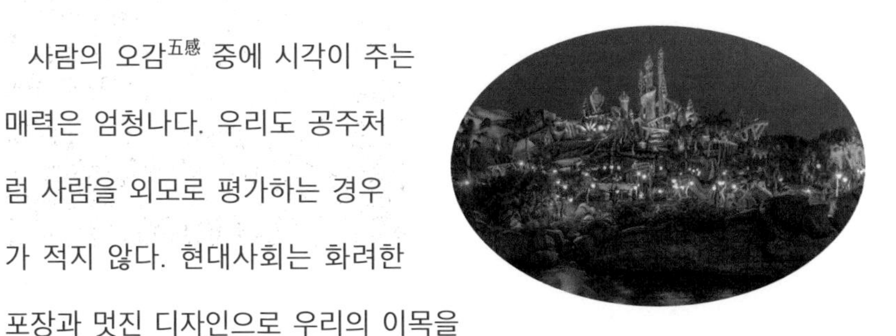

사람의 오감五感 중에 시각이 주는 매력은 엄청나다. 우리도 공주처럼 사람을 외모로 평가하는 경우가 적지 않다. 현대사회는 화려한 포장과 멋진 디자인으로 우리의 이목을 끄는 상품이 즐비하다. '보기 좋은 떡이 먹기도 좋다'는 우리의 속담처럼 외모와 외관을 꾸미는 일을 더 중요하게 여기는 시대가 도래했다. 오히려 '외모지상주의'를 당당히 외치는 현대인에게 내면을 바라보기란 더 어려워진 게 아닐까 싶을 정도다.

'못생긴 랍비와 공주' 이야기는 겉모습으로 사람을 판단해서는 안 된다는 가르침을 주고 있다. 랍비는 자신의 지식과 현명함을 맛좋은 술에, 못생긴 외모를 질그릇 항아리에 비유했다.

술은 인류가 최초로 개발한 음료수라는 말이 있을 정도로 깊은 역사를 지닌 음식이다. 인류는 탈무드시대 이전부터 술을 빚어 마셔왔고 술이 만들어지는 발효의 원리를 알기 전부터 술의 특성을 잘 알고 있었다.

탈무드는 '못생긴 랍비와 공주' 이야기를 통해 우리가 마음에 새겨야 할 교훈뿐만 아니라 술의 과학적 원리도 잘 알려주고 있다. 그것은 발효의 과학이다.

술을 만드는 방법에는 발효, 증류, 재제再製(술에 재료를 넣어 우려내는 방식) 방식이 있다. 이 중 인류가 처음으로 이용한 방법이 '발효'이다.

음식을 발효하는 방법은 과일이나 곡류의 잘못된 보관으로부터 우연히 발견했다는 설이 있으나 정확한 기원은 알 수 없다.

발효는 다양한 방법으로 이루어진다. 이 과정에서 핵심적인 역할을 하는 것은 효모yeast, 박테리아bacteria, 진균(또는 곰팡이fungi)과 같은 미생물이다. 특히 술과 빵을 만들 때 효모의 역할이 아주 중요하다.

효모.

효모는 약 1500여 종이 있는 것으로 알려져 있으며 균류에 속하는 진핵 미생물(핵막과 세포 기관을 갖춘 미생물)이다. 1680년 네덜란드의 과학자인 안톤 반 레벤후크Anton van Leeuwenhoek가 최초로 발견했다.

살아 있는 미생물로서의 기능과 특징이 있다는 사실은 1859년 프랑스의 미생물학자인 루이 파스퇴르Louis Pasteur가 밝혀냈다. 효모는 당을 분해하여 에너지를 얻기 때문에 과일 열매나 꽃, 나무 껍질 등 당분이 많은 곳에 산다.

발효는 산소가 없는 환경에서 효모가 분비하는 효소로 당을 분해하여 다른 물질로 변환하는 과정이다. 포도당은 세포질 안에서 피루브산pyruvic acid으로 변화하게 되는데 이것을 '해당과정'이라고 한다. 해당과정은 분자의 크기가 큰 포도당을 잘게 잘라서 세포에 흡수되기 더 적합한 피루브산으로 만드는 과정이다.

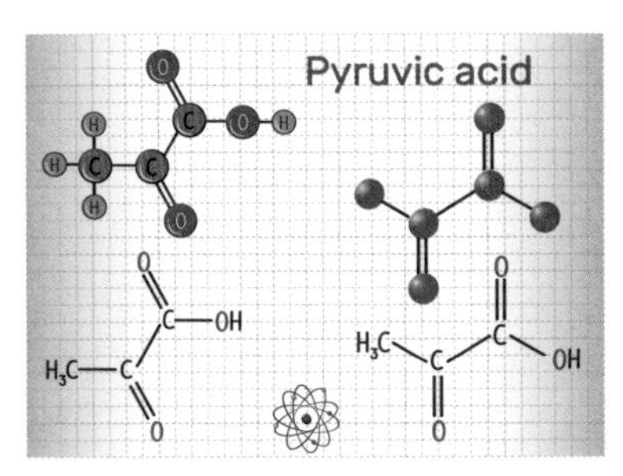

피루브산 구조식.

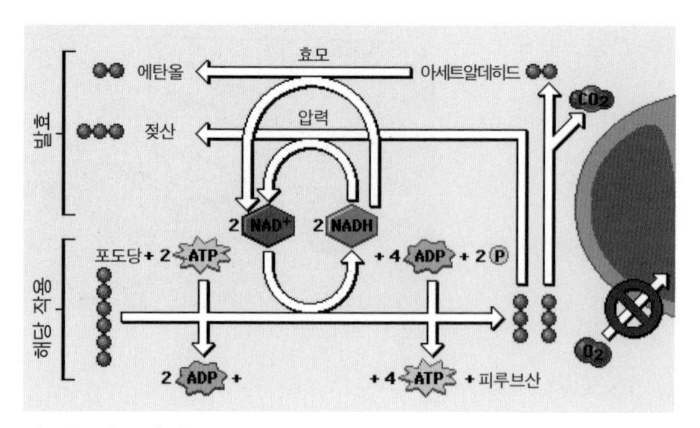

알코올 발효 과정.

해당과정을 통해 만들어진 피루브산은 산소가 없는 환경에서 알코올 발효와 젖산 발효의 과정을 거친다. 이 두 반응의 차이점은 발효 후 생성물이 다르다는 것이다.

알코올 발효는 효모에 의해 아세트알데히드를 거쳐 에탄올(알코올)과 이산화탄소를 생성한다.

젖산 발효는 젖산을 생성한다.

젖산 발효는 인체에서도 발생한다. 우리가 힘든 운동을 할 때 인체는 에너지를 내기 위해 많은 산소가 필요하다. 이때 충분한 산소가 공급되지 않으면 근육에서는 무산소 호흡이 일어난다. 산소 공급량이 적어지기 때문에 산소 없이 에너지를 만들어 공급하려는 인체의 노력인 것이다. 이 무산소 호흡에서는 근육 안에 저장되어 있는 글리코겐(당으로 만들어진 다당)을

에너지의 재료로 사용한다. 인체는 젖산 발효를 통해 에너지를 얻지만 이 과정에서 발생한 젖산이 극심한 통증과 피로감을 느끼게 한다.

일반적으로 술은 알코올 발효를 통해 얻은 에탄올(알코올)이 주 성분이지만 에탄올과 함께 발생하는 이산화탄소는 증발하여 사라진다. 하지만 샴페인과 같은 술은 이산화탄소를 이용하여 기포가 발생하도록 만들기도 한다.

이와 반대로 같은 알코올 발효를 통해 얻은 에탄올과 이산화탄소 중 이산화탄소의 역할을 더 많이 요구하는 것도 있다. 바로 제빵이다.

빵을 만들 때도 효모의 역할은 매우 중요하다. 술과 마찬가지로 제빵 과정에서도 효모는 알코올 발효를 통해 알코올과 이산화탄소를 만든다. 하지만 빵을 만들 때는 알코올 성분은 모두 날아가 버리고 이산화탄소만 남게 된다. 이산화탄소는 빵을 굽는 과정에서 빵을 부풀게 하여 풍미가 좋고 맛있는 빵이 되도록 도와준다.

효모를 넣고 반죽을 해서 알코올 발효 과정을 거치면 알코올 성분은 날아가고 이산화탄소 성분이 남아 빵을 부풀게 해 맛있는 빵이 된다.

## 금속 항아리에 술을 담으면 안 되는 이유

탈무드 이야기에서 랍비는 금과 은 항아리에 술을 담아두라고 조언한다. 발효의 원리를 잘 모르고 있었던 공주는 의심 없이 질그릇 항아리에 담긴 술을 금과 은으로 만든 항아리에 옮겨 담는다. 그러자 모든 술맛이 변해버리고 부패해 버린다.

이 탈무드 이야기는 술의 발효과정뿐만 아니라 효모의 성장에 중요한 조건이 무엇인가도 잘 알려주고 있다.

인간은 에너지를 얻기 위해서 반드시 산소가 필요하지만 미생물은 산소가 없는 환경에서도 소량이지만 에너지를 얻고 성장할 수 있다.

미생물의 종류에 따라서 반드시 산소가 필요한 호기성 미생물과 산소가 필요 없는 혐기성 미생물이 있다. 때로는 산소의 유무에 상관없이 잘 성장하는 미생물도 있는데 그중 하나가 술을 발효시키는 데 큰 역할을 하는 효모이다.

효모는 산소와 당이 있는 환경에서 성장하나 산소가 없는 환경에서도 에너지를 얻어 살아갈 수 있다. 효모가 산소가 없는 상태에서 에너지를 얻는 방법이 '발효'다. 결국 발효는 효모를 포함한 미생물에게 있어 깊은 해저나 땅밑과 같이 산소가 없는 환경에서도 에너지를 얻고 생장할 수 있는 생존 방법 중 하나인 것이다.

발효되는 모습.

효모를 발효시킬 때, 용기의 뚜껑을 덮어두는 이유는 효모가 무산소 호흡을 하도록 유도하기 위해서다.

술의 발효과정에는 미세한 변수가 많다. 술의 맛은 발효시키는 장소, 온도, 습도, 담는 용기에 따라 달라질 수 있다. 술의 맛을

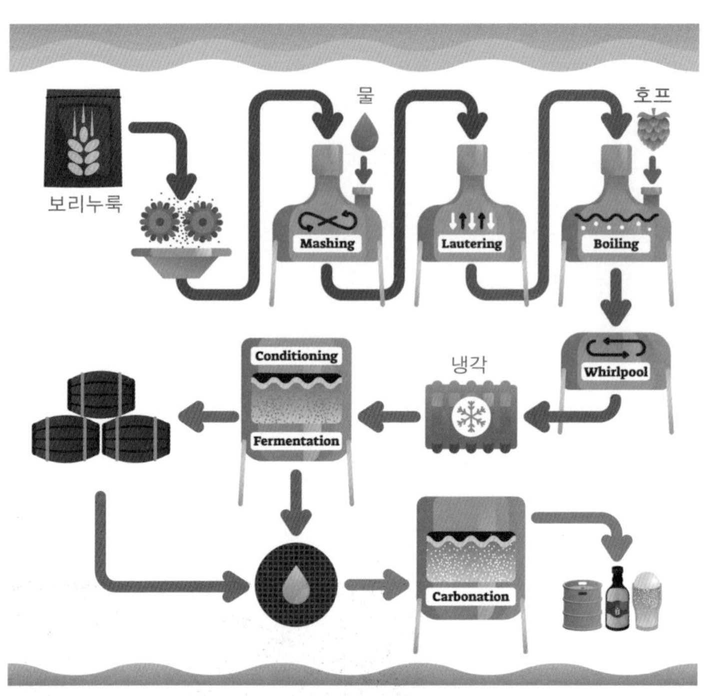


맥주 제조 과정.

결정하는 것 중 하나는 적정한 온도이다.

술의 발효에 알맞은 온도는 효모가 가장 활발하고 안정적으로 활동하는 30도 이하다. 조금은 서늘한 곳에 포도주나 술을 보관하는 전용 창고가 있는 이유도 적정한 온도를 유지하기 위해서다. 발효과정에서 온도가 너무 높으면 술이 부패할 수 있다.

탈무드 이야기 속에서 술맛이 변한 이유 중 하나는 공주가 술

항아리를 햇볕이 잘 드는 정원에 놓아두었기 때문이다. 햇볕을 받은 금속 항아리는 온도가 더 빠르게 올라간다. 항아리 안의 온도가 너무 높아 효모가 성장하지 못하고 죽어버려 부패해 버린 것이다. 미생물은 40도 이상이 되면 활동력이 저하되고 더 고온이 되면 사멸할 수 있다고 한다.

술 항아리는 숨을 쉴 수 있는 재료로 만든 것이 좋다.

발효 과정에 영향을 미치는 요소 중 두 번째는 적절한 산소 공급이다. 알코올 발효가 이루어진 술에 산소가 공급되면 아세트산 발효가 일어날 수 있다. '초산발효'라고도 하는 아세트산 발효는 산소가 필요 없는 무기호흡인 알코올 발효나 젖산 발효와는 다르게 호기성 미생물(공기나 산소가 있어야 살 수 있는 미생물)인 아

적절한 산소 공급과 적당한 온도를 공급해 알코올 발효를 해도 과하게 산소가 공급되면 포도주가 아니라 식초가 된다.

세트산균에 의한 산화酸化 발효 중 하나이다.

아세트산균은 공기 중 산소를 이용하여 에탄올(알코올)을 아세트산으로 만든다. 쉽게 말하자면, 술이 식초가 되어버리는 것이다.

그래서 술을 발효시킬 때는 절대 뚜껑을 열어보면 안 된다. 마음이 바뀌어서 식초를 만들고 싶을 때만 빼고 말이다.

발효주는 효모의 화학적 변화와 생장을 위해서 매우 까다로운 산소 공급이 필요하다. 효모가 발효할 때는 산소가 필요없지만 미생물인 효모의 생장을 위해서는 적절한 산소가 공급되어야 한다. 산소가 있는 환경에서 효모는 더 빨리 성장한다. 효모가 잘 성장해야 발효도 잘 이루어질 수 있다.

술은 효모의 성장과 발효의 속도를 적절히 조율해야 성공할 수 있는 매우 과학적이고 정밀한 작업이다. 이 과정을 '병행복발효'라고 하며 한국의 전통 발효주에서 많이 볼 수 있다.

술을 발효시키고 저장할 때, 표면에 미세한 구멍이 뚫려 있는 질그릇 항아리나 참나무통(오크통)에 보관하는 데는 이런 이유가 있다. 질그릇 항아리와 참나무통은 술이 발효와 숙성되기에 알맞은 온도와 습도를 제공한다. 뿐만 아니라 외부 공기가 미세한 구멍을 통해 적절히 순환되면서 산소를 공급하여 효모가 당을

술의 발효와 숙성에 알맞은 온도와 습도를 제공하는 참나무통과 보관 창고.

먹이로 잘 성장할 수 있도록 도와 부패를 막아준다. 또한 뚜껑을 덮어 두면 산소 공급을 적당히 막아 효모가 발효할 수 있는 최적의 조건을 만들어 준다.

그러나 금과 은을 포함한 금속으로 만든 용기는 술을 자연 발효시키기 어렵다. 금속 용기는 산소가 통하지 않아 효모의 성장과 발효의 밸런스를 맞출 수 없기 때문이다.

발효는 부패와 큰 차이가 없지만 '발효'와 '부패'를 가르는 결정적 이유는 '유익균'과 '유해균'의 유무이다. 인간의 건강에 이로움을 주는지 아니면 병을 주는지에 따라 '유익균'이냐 '유해균'이냐를 결정짓는 것이다.

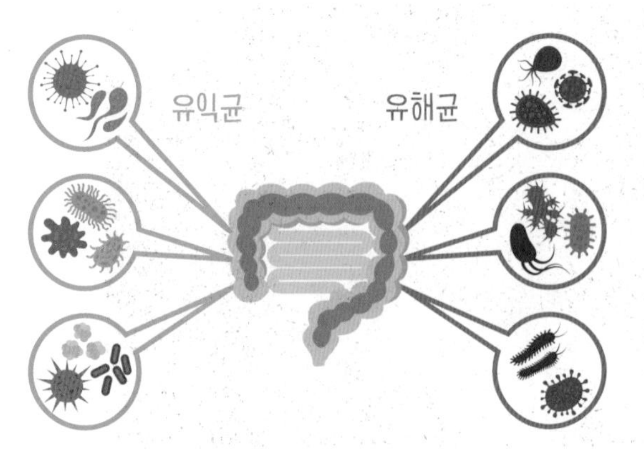

유익균이 되느냐 유해균이 되느냐에 따라 발효와 부패로 갈린다.

포도주나 약주 등을 적당량 마시면 소화를 돕고 몸에 좋은 영향을 미치는 것도 바로 이러한 유익균의 영향으로 볼 수 있다.

## 미래 신재생 에너지 '바이오 에탄올'

당을 발효시켜 에탄올(알코올)과 이산화탄소를 만들어내는 과정은 햇빛을 받아 물과 이산화탄소만으로 녹말을 생성하는 광합성의 과정만큼이나 지구가 인간에게 선사해주는 최고의 선물이다.

발효를 통해 얻어지는 '에탄올'은 음식 분야뿐만 아니라 의약과 에너지 분야에서도 사용된다.

'바이오 에탄올'은 화석연료로 인해 자원고갈, 기후변화, 환경오염 등의 문제를 안고 있는 에너지 분야에서 새로운 대안 중 하나로 주목받고 있는 미래 신재생 에너지다.

바이오 에탄올의 장점은 화석연료를 태울 때 발생하는 이산화탄소($CO_2$), 메탄($CH_4$), 아산화질소($N_2O$) 등의 환경오염 물질이 배출되지 않으며 재생 가능한 식물에서 추출된다는 점이다.

주로 사탕수수, 보리, 옥수수, 감자 등과 같은 작물을 발효시켜 만드는 바이오 에탄올은 미국, 브라질 등 풍부한 식물 자원을 확보할 수 있는 국가를 중심으로 활발히 사용되고 있다. 그리고 주로 자동차 연료로 사용한다.

관련 작물의 원활하지 못한 공급과 복잡한 공정 과정 때문에 아직은 일부 국가에서만 사용되고 있는 실정이지만 환경오염을 줄일 수 있는 청정한 미래 에너지 자원으로서의 가능성을 크게 기대하고 있다.

기후 변화로 미래가 위협받고 있는 인류는 바이오 에탄올의 사용범위를 확대할 수밖에 없다.

## 미생물의 종류 및 형태

우리가 사는 21세기는 바이러스의 시대라고도 한다. 그리고 처음 코로나19가 발생했을 때 사람들은 세균과 바이러스를 정확하게 구분하지 못해 뜬소문들이 돌기도 했다.

그래서 간단하게 박테리아, 바이러스, 진균, 효모에 대한 정의와 형태를 소개하고자 한다.

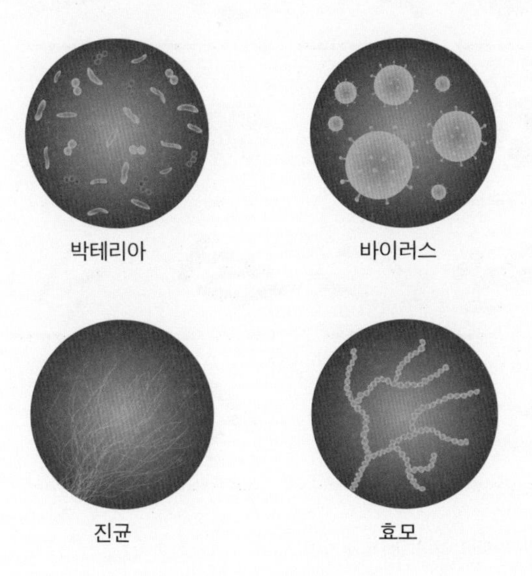

박테리아는 생물체 가운데 가장 미세하고 가장 하등에 속하는 단세포 생활체이다. 다른 생물체에 기생하여 병을 일으키기도 하고 발효나 부패 작용을 하기도 하여 생태계의 물질 순환에 중요한 역할을 한다. 엽록체와 미토콘드리아 없이 세포막과 원형질만으로 이루어진 간단한 구조이며, 눈으로는 직접 볼 수 없다. 공 모양, 막대 모양, 나선 모양 등이 있다.

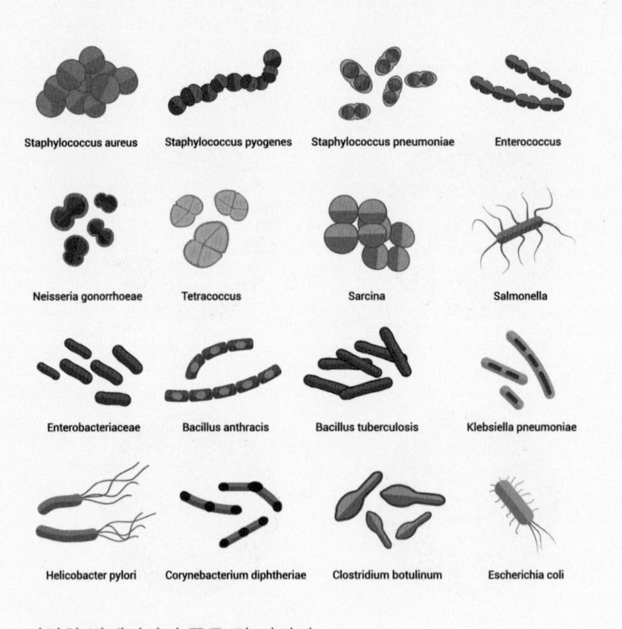


다양한 박테리아의 종류 및 이미지.

바이러스는 동물, 식물, 세균 등 살아 있는 세포에 기생하고, 세포 안에서만 증식이 가능한 비세포성 생물이다. 핵산과 단백질을 주요 성분으로 하고, 세균 여과기에 걸리지 않으며, 병원체가 되기도 한다. 코로나19가 이 바이러스에 속하며 자가생식이 가능하지 않기 때문에 숙주인 살아 있는 세포가 없다면 자생할 수 없다.

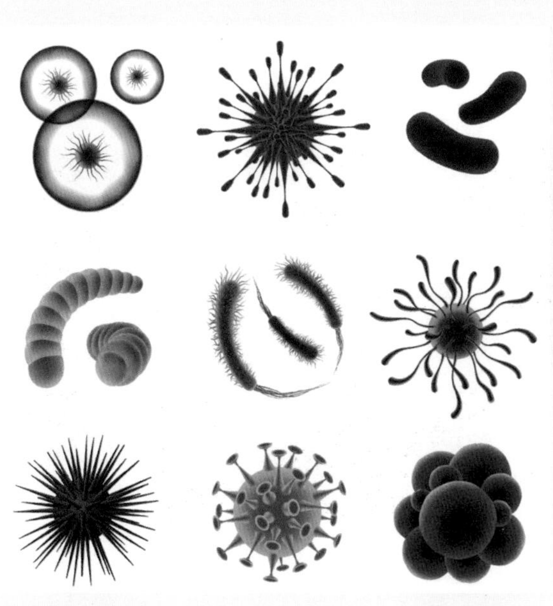

바이러스의 여러 가지 형태.

진균은 박테리아의 세균(작은 균)과 비교하여 '진짜 균'이라는 의미를 가지고 있다. 곰팡이라고도 불리며 모두 진핵세포로 구성되어 있다.

광합성을 하지 못하고 외부로부터 유기물을 공급받아야 하며 대부분 무성생식과 유성생식으로 번식할 수 있다. 효모 모양 진균과 실 모양 진균의 형태로 존재하며 효모 모양 균류와 실 모양 균류는 생리·생화학적 대사반응에서 많은 차이가 있다.

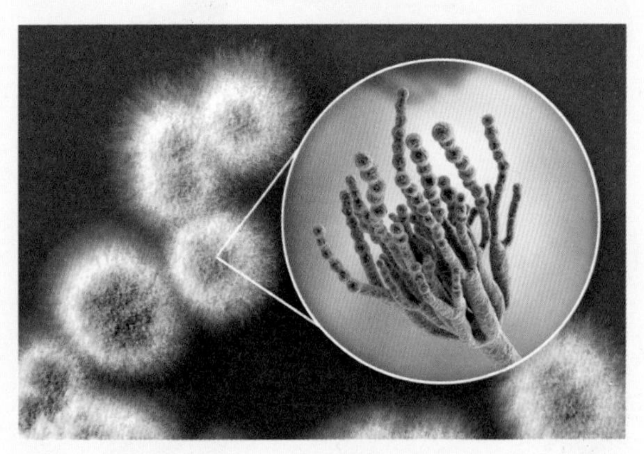

진균.

효모는 자낭균류에 속하는 균류로, 엽록소가 없는 단세포로 이루어진 원형 또는 타원형의 균류이다. 주로 술이나 빵을 만들 때 사용하며 모발 영양제 등 다양한 방면에서도 이용하고 있어 경제적으로 중요한 균류이다. 대개 싹이라고 불리는 작은 돌기를 발달시켜 가지나누기를 해서 생육하는 영양생식 방법인 출아出芽법으로 번식시키며 내생포자 생성법으로도 번식할 수 있다.

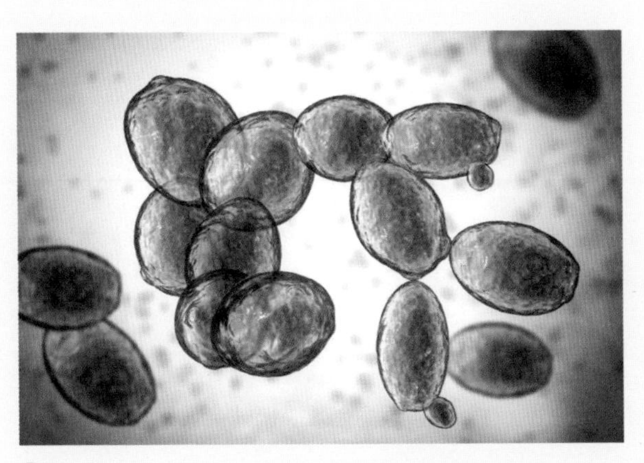

효모.

# 아버지의 유언

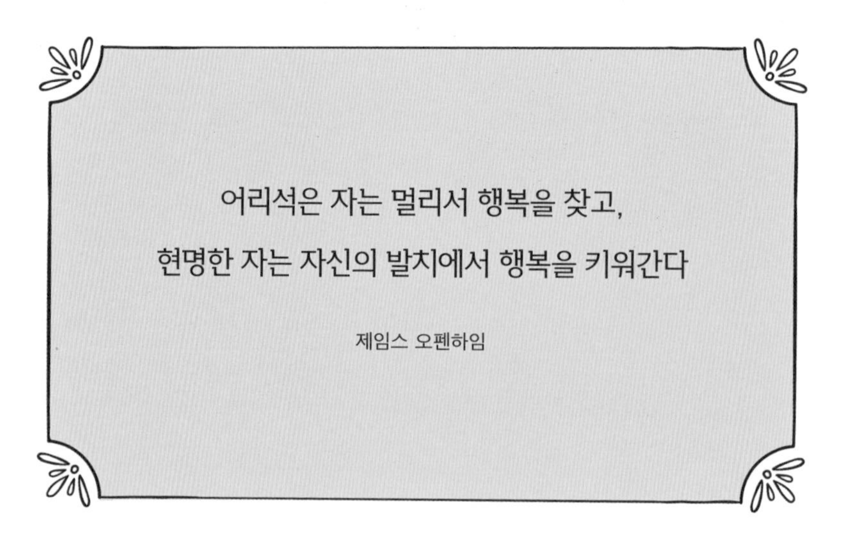

어리석은 자는 멀리서 행복을 찾고,

현명한 자는 자신의 발치에서 행복을 키워간다

제임스 오펜하임

# 아버지의 유언

한 아랍 상인이 죽음을 맞이하게 되었다. 그에게는 17마리의 낙타와 세 명의 아들이 있었다. 아랍 상인은 세 아들에게 유산을 상속하기 위해 다음과 같은 유언을 남겼다.

'내 낙타의 반절을 큰 아들에게 주고 둘째 아들에게는 $\frac{1}{3}$을, 막막내 아들에게는 $\frac{1}{9}$을 주겠다.'

상인이 죽자, 세 아들들은 고민에 빠졌다. 아무리 나누어 보려 해도 낙타를 나눌 수 없었기 때문이다.

한참을 고민하던 아들들은 현명하기로 이름난 랍비에게 이 문제를 상의하러 갔다.

"랍비님! 어떻게 해야 아버지의 유언대로 낙타를 나누어 가질 수 있을까요? 아버지 말씀대로 나누려면 낙타를 죽여 반으로 나눠야 하는데 그것은 불가능한 일입니다."

큰 아들이 걱정스런 얼굴로 질문했다.

랍비는 사정을 듣고 고민에 빠졌다. 그렇게 한참 생각을 하던 랍비는 좋은 생각이 떠올랐다. 랍비는 세 아들에게 이렇게 말했다.

"자…… 이렇게 하면 어떻겠습니까? 제가 낙타를 한 마리 빌려주겠소."

랍비의 말을 들은 둘째 아들이 깜짝 놀라 물었다.

"낙타를 빌려주신다고요?"

막내 아들이 말했다.

"저희는 낙타를 갚을 능력이 없습니다."

그러자 랍비는 빙그레 웃으며 대답했다.

"갚을 필요는 없습니다. 낙타가 남으면 그 낙타를 주시면 됩니다."

세 아들은 무슨 영문인지 몰랐지만 현명한 랍비를 믿어보기로 했다.

랍비는 다음과 같이 말했다.

"자! 내가 당신들에게 낙타 한

마리를 빌려주었으니 이제 낙타는 모두 18마리가 되었습니다. 큰 아드님은 전체의 반절이니 18마리의 반절인 9마리를 가져가시면 됩니다."

큰아들은 랍비의 말대로 9마리의 낙타를 가져갔다.

"둘째 아드님은 전체의 삼분의 일이니 6마리를 가져가시면 됩니다."

둘째 아들도 랍비의 말대로 6마리를 가져갔다.

이제 낙타는 모두 3마리가 남았다.

랍비는 막내 아들을 보며 말했다.

"막내 아드님은 전체의 $\frac{1}{9}$이니 2마리를 가져가시면 되겠군요."

랍비의 말대로 막내도 2마리를 가져갔다. 그러고나자 낙타가 한 마리 남게 되었다.

랍비는 세 아들에게 이렇게 말했다.

"이제 낙타 한 마리가 남았으니 빌려준 낙타를 돌려받아도 되겠지요?"

그리고는 남은 낙타 한 마리를 가지고 갔다.

아무도 손해 없이 공평하게 유산을 받게 된 세 아들은 랍비의 현명함에 감탄을 금치 못했다.

이 이야기는 탈무드를 만든 유대인들이 얼마나 수에 능통했는지를 보여주고 있다.

17마리의 낙타를 $\frac{1}{2}$, $\frac{1}{3}$, $\frac{1}{9}$로 나누기 위해서는 어떻게 해야 할까? 수학에 관심이 있는 사람이라면 이 문제가 통분을 해보면 편리하다는 것을 눈치챌 수 있을 것이다.

분모를 똑같이 만드는 통분을 해 비교해 보면 분자의 숫자에 따라 몇 마리씩 가져야 할지가 확연하게 드러나기 때문이다.

그런데 여기서 문제가 발생했다. 분모 2, 3, 9를 통분하기 위해서는 2, 3, 9 최소공배수를 구해야 한다. 2, 3, 9의 최소공배수는 18이다. 그런데 낙타는 17마리뿐이었다. 랍비는 최소공배수의 원리를 아주 잘 알고 있었다. 그래서 과감히 자신의 낙타 한 마리를 빌려주어 공통분모인 18마리가 되도록 맞추어 준 것이다. 18마리가 되면 나누기가 편리해져 유언대로 나누어 줄 수 있기 때문이다.

또한 랍비는 자신의 낙타 한 마리도 다시 돌려받을 수 있다는 것을 잘 알고 있었다. 전체 낙타의 수가 17마리였기 때문에 나누어떨어지지 않고 나머지가 생긴다는 것을 계산할 수 있었기 때문이다.

## 최소공배수

최소공배수는 '두 개 이상의 자연수의 공통인 배수 중 가장 작은 수'를 말한다. 자연수는 무한대이기 때문에 '최대공배수'는 구할 수가 없다.

최소공배수를 구하는 방법에는 공통소인수로 두 수 이상을 나누는 방법이 있다. 공통소인수란 약수 중 소수(약수가 1과 자기 자신뿐인 약수)인 약수를 말한다.

$$\begin{array}{r|rr} 3 & 15 & 18 \\ \hline & 5 & 6 \end{array} \quad \rightarrow 3\times5\times6=90\text{(최소공배수)}$$

두 번째는 '소인수분해'를 이용하는 것이다. 각 수를 소인수분해한 후

거듭제곱의 지수가 큰 소인수를 택하고 나머지 공통이 아닌 소인수까지 곱하면 된다.

$15=3\times5$
$18=2\times3^2$

$2\times3^2\times5=90$ (최소공배수)

세 번째는 공식적인 것은 아니나 빠른 연산이 가능하고 배수의 일의 자리 특성을 잘 알고 있으면 종이 없이 암산으로 해 볼 수 있는 방법이다.

두 수 이상의 최소공배수를 구할 때, 최소공배수는 두 수 이상의 수 중 가장 큰 수의 배수이기도 하다. 그렇기 때문에 반드시 큰 수의 배수 중에 최소공배수가 존재한다.

예를 들어 15와 18의 최소공배수는 큰 수인 18의 배수 중 하나다.

18의 배수는 18, 36, 54, 72, 90…이다.

이 중 15의 배수에 해당하는 첫 번째 숫자가 최소공배수가 된다.

15의 배수는 일의 자리가 반드시 0, 5로 끝나기 때문에 18의 배수 중 일의 자리가 0이나 5가 나오는 첫 번째 숫자를 찾으면 된다. 그것은 '90'이다.

세 수의 최소공배수도 이와 같은 방법으로 구할 수 있다.

2, 5, 9의 최소공배수를 구하기 위해서는 세 수 중에서 가장 큰 수 9의

배수를 먼저 구한다.

**9의 배수**: 9, 18, 27, 36, 45, 54, 63, 72, 81, 90…

9의 배수 중 두 번째 큰 수인 5의 배수를 먼저 찾는다. 앞서 언급했듯이 5의 배수는 일의 자리가 0과 5로 반드시 끝나기 때문에 첫 번째 나오는 5의 배수는 45다. 하지만 45는 2의 배수가 아니다. 2의 배수는 일의 자리가 반드시 2, 4, 6, 8, 0인 짝수로 끝나기 때문이다. 그렇다면 9의 다음 배수 중 5의 배수인 것은 90이다. 90은 0으로 끝나기 때문에 5의 배수이자 짝수로 2의 배수이다. 그래서 2, 5, 9의 최소공배수는 90이다.

2, 5, 9의 최소공배수를 구하는 또 다른 방법이 있다.

작은 두 수인 2와 5의 최소공배수를 먼저 구한다. 2와 5의 최소공배수는 10이다.

그 다음 10과 가장 큰 수인 9의 최소공배수를 구한다.

10과 9 중 10이 더 큰 수이기 때문에 10의 배수에서 최소공배수를 찾을 수 있다.

**10의 배수:** 10, 20, 30, 40, 50, 60, 70, 80 ,90, …

암산이 빠르다면 바로 90을 찾아낼 수 있을 것이다. 10의 배수는 일의 자리가 무조건 0이기 때문에 9의 배수 중 일의 자리가 0이 되는 수를 찾아 비교하면 된다. 9는 유일하게 일의 자리에 0~9가 모두 나온다. 9의 배수 중 일의 자리가 0이 되는 첫 번째 수는 90이다.

이 예시들은 암산훈련이 충분히 되어 있는 사람에게 더 유용한 방법이다. 수학적 방법이라기보다 계산을 하는 기술에 가깝다. 기초적인 계산력은 수학을 공부할 때 많은 도움이 된다.

## 최소공배수의 다양한 활용

최소공배수는 우리 생활 속에서 아주 다양하게 사용된다.

첫번째는 달력이다. 역사책을 읽다 보면 임진왜란, 정유재란, 을사조약, 을미사변과 같이 '임진', '정유', '을사', '을미' 등 사건이 벌어진 해를 나타내는 글자가 있다.

이것은 우리나라에 서력이 들어오기 전부터 우리나라 및 동양 문화권에서 전통적으로 사용하던 달력에서 유래한 것이다. 새해를 맞이할 때 경자년 '쥐띠해', 을축년 '소띠해', 계해년 '돼지띠해'라고 하는 것도 마찬가지다.

'임진', '정유', '을미' 등과 같은 연도 표기 방법을 '육십갑자'라고 한다. '육십갑자'는 갑, 을, 병, 정, 무, 기, 경, 신, 임, 계 10개의 천간과 자, 축, 인, 묘, 진, 사, 오, 미, 신, 유, 술, 해의 12개 지지가 하나씩 만나 짝을 이루는 방식으로 나열되어 있다.

10개의 천간과 12개의 지지가 하나씩 짝을 이루다 보면 끝에 2개의 지지가 남는다. 맨 끝의 지지인 술, 해는 다시 첫 번째 천간인 갑과 을에 연결되어 갑술, 을해…로 이어진다.

| **십신장** | 천간天干 | 갑甲 | 을乙 | 병丙 | 정丁 | 무戊 | 기己 | 경庚 | 신申 | 임壬 | 계癸 | | |
|---|---|---|---|---|---|---|---|---|---|---|---|---|---|
| **십이지신** | 지지地支 | 자子 | 축丑 | 인寅 | 묘卯 | 진辰 | 사巳 | 오吾 | 미未 | 신申 | 유酉 | 술戌 | 해亥 |

| 갑자 | 을축 | 병인 | 정묘 | 무진 | 기사 | 경오 | 신미 | 임신 | 계유 |
|---|---|---|---|---|---|---|---|---|---|
| 갑술 | 을해 | 병자 | 정축 | 무인 | 기묘 | 경진 | 신사 | 임오 | 계미 |
| 갑신 | 을유 | 병술 | 정해 | 무자 | 기축 | 경인 | 신묘 | 임진 | 계사 |
| 갑오 | 을미 | 병신 | 정유 | 무술 | 기해 | 경자 | 신축 | 임인 | 계묘 |
| 갑진 | 을사 | 병오 | 정미 | 무신 | 기유 | 경술 | 신해 | 임자 | 계축 |
| 갑인 | 을묘 | 병진 | 정사 | 무오 | 기미 | 경신 | 신유 | 임술 | 계해 |

10개의 천간과 12개의 지지가 조화를 이뤄 순환되는 원리가 육십갑자이다.

이 모든 천간과 지지가 한 쌍씩 짝을 이루고 다시 맨 처음인 갑자년으로 돌아오는 시간을 계산하면 10과 12의 최소공배수인 60년이 된다.

자신이 태어난 해로부터 60년이 지나면 '육십갑자'의 한 순환이 끝나고 새로운 순환의 주기가 시작는데, 이것을 '환갑'이라고 한다. '환갑'은

61번째 생일을 말하는 것으로 천간과 지지의 최소공배수로 만들어진 것이다.

두 번째로 '톱니바퀴'를 들 수 있다. 톱니바퀴는 회전축을 중심으로 돌아가는 톱니가 두 개 이상 연결되어 동력을 전달하는 장치로, 인간의 기계문명을 크게 발전시킨 뛰어난 발명품이라고 할 수 있다.

정교한 시계부터 헬리콥터에 이르기까지 톱니바퀴의 원리에 의해 만들어진 다양한 기어gear는 우리 생활 속에서 많이 사용한다.

서로 다른 톱니수를 가진 두 개의 톱니바퀴가 서로 맞물려 돌아갈 때, 톱니 수가 적은 톱니바퀴와 톱니 수가 많은 톱니바퀴의 회전수가 다르다. 큰 톱니바퀴가 한 바퀴 회전할 때 작은 톱니바퀴는 두세 번 이상을 회전할 수 있다.

이때 작은 톱니바퀴와 큰 톱니바퀴의 회전수를 계산하여 다시 만나는 점을 조절하면 힘을 가하는 속도와 방향을 결정할 수 있으며 다양한 동력전달 장치로 사용할 수 있다. 큰 톱니바퀴와 작은 톱니바퀴의 시작점이 한 바퀴 돌아 다시 만나는 점은 두 톱니바퀴 개수의 최소공배수로 구할 수 있다.

세 번째는 기차역에 정차하는 기차나 버스 노선의 시간 간격을 조절하는데도 최소공배수가 이용된다.

예를 하나 들어보자. ‘공배수 역’에서 출발하는 기차 A와 B의 정차 시간 간격은 A는 8분, B는 10분이다. 이때 A 기차와 B 기차가 같은 역에서 처음 만나는 시간은 출발 후 40분으로 8과 10의 최소공배수를 이용해 구할 수 있다.

이후 두 기차는 40분 간격인 80분, 120분, 160분… 마다 같은 역에서 만난다. 이 시간은 같은 역에 진입하는 두 기차의 정차 시간을 조절하는데 매우 중요하다. 동시에 진입하는 기차로 인한 사고를 방지할 수 있기 때문이다.

| 시발역 | | 순천 順川 Suncheon 07:50 | 始發驛 | Starting station |
|---|---|---|---|---|
| 열차종별 | | 무 | 列車種別 | Train name |
| 열차번호 | | 1442 | 列車番號 | Train NO. |
| 이양 | 055 | 09:16 | 釜 田 | Bujeon |
| 능주 | 132 | 09:29 | 沙 上 | Sasang |
| 화순 | 054 | 09:41 | 翰林亭 | Hallimjeong |
| 남평 | 497 | | 進 永 | Jinyeong |
| 효천 | 274 | 09:59 | 寶 城 | Boseong |
| 서광주 | 275 | 10:05 | 西光州 | Seogwangju |
| 광주송정 | 036 | 호남선 경유 | 光州松汀 | GwangjuSongjeong |
| | | | | |
| 비 고 | | 토일 sat,sun 土.日 | 備 考 | Remark |
| 종착역 | | 용 산 龍 山 Yongsan 14:29 | 終着驛 | Terminal station |

기차시간표의 예.

# 도박에서 꽃피운 확률이론

우리는 때때로 수학이라는 학문의 쓸모에 대해서 많은 의심을 하게 된다. 미적분, 확률, 통계 등 생각만 해도 머리가 어지러운 수학은 내 삶과 아무런 연관도 없어 보이기 때문이다.

하지만 수학의 역사가 인류 문명의 발전과 맞물려 있다는 것은 아무도 반박할 수 없는 명제다.

여기에 사소한 생활 속의 문제를 수학이 어떻게 해결할 수 있는지에 대한 흥미로운 일화가 있다. 그것은 확률이론의 탄생 이야기다.

확률이론을 처음으로 정립한 사람은 프랑스의 수학자 파스칼

Blaise Pascal이다. 어느 날 파스칼은 도박을 너무나 좋아했던 친구 '슈발리에 드 메레Chevalier de Méré'로부터 한 장의 편지를 받는다.

그 내용은 다음과 같다.

1. 실력이 비슷한 두 사람이 도박을 했다.
2. 먼저 세 번 이긴 사람이 64 피스톨을 가지기로 했다.
3. A가 두 번 이기고 B가 한 번 이겼다. 그런데 피치 못할 사정으로 도박이 중단되었다.
4. 피스톨을 어떻게 나누면 될 것인가?

확률은 어떤 사건이 일어날 가능성을 수로 나타낸 것으로 어떤 사건이 일어나는 경우의 수를 일어나는 모든 경우의 수로 나눈 것을 말한다.

파스칼이 친구를 위해 계산한 확률에는 두 분모의 최소공배수로 통분을 해서 얻을 수 있는 분수의 덧셈과 분수의 곱셈이 사용되었다.

이 문제를 고심하던 파스칼은 최고의 수학자였던 페르마 Pierre

de Fermat에게 조언을 구한다. 페르마와 파스칼이 문제의 답을 찾는 과정은 다음과 같다.

1회: A 승 B 패

2회: A 승 B 패

3회: A 패 B 승

4회: A 승– 게임 끝. B 승–5회전

5회: A 승– 게임 끝, B 승– 게임 끝

A의 승리 확률: 4회전에서 이길 확률+4회전에서 지고 5회전에서 이길 확률 $\frac{1}{2}+\left(\frac{1}{2}\times\frac{1}{2}\right)=\frac{1}{2}+\frac{1}{4}=\frac{3}{4}$

B의 승리 확률: 4회전에서 이기고, 5회전에서 이길 확률 $\frac{1}{2}\times\frac{1}{2}=\frac{1}{4}$

따라서 A 피스톨: $64\times\frac{3}{4}=48$

B 피스톨: $64\times\frac{1}{4}=16$

결론은 A는 48 피스톨, B는 16 피스톨을 가져가면 된다.

## 비운의 천재 파스칼

파스칼은 프랑스의 대표적인 지성으로 꼽힌다. '인간은 생각하는 갈대이다'라는 명언을 남긴 파스칼은 수학자이자 물리학자, 발명가일 뿐만 아니라 철학자이자 신학자이기도 하다.

12세에 이미 유클리드 기하학을 연구하고 16세에는 데자르그의 사영기하학을 기반으로 파스칼의 정리라고 불리는 〈원뿔 곡선론Essai pour les coniques〉을 기술했으며 1642년에는 세계 최초의 계산기인 파스칼 계산기를 발명했다.

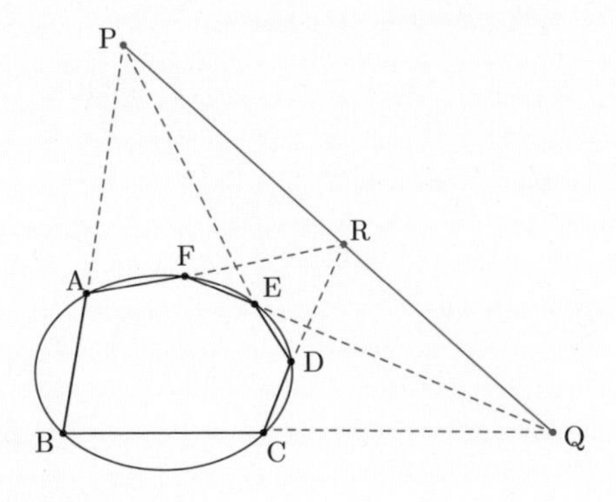


파스칼의 정리.

파스칼 계산기 파스칼리느(Pascaline) 이미지와 실제 파스칼 계산기.

또한 밀폐된 유체의 일부에 압력을 가하면 그 압력이 유체 내의 모든 곳에 같은 크기로 전달된다고 하는 파스칼의 원리 역시 중요한 업적 중 하나이다. 파스칼의 원리는 유압기, 공기 제동기 등에 응용하여 사용했다.

다음은 기억해두면 좋은 파스칼의 원리 공식이다

$\frac{F_1}{A_1} = \frac{F_2}{A_2}$ ($F$는 힘, $A$는 단면적)

따라서 $F \propto A$

이밖에도 파스칼은 확률론, 수론, 기하학 등의 연구를 통해 수학사에 큰 공헌을 했으며 토리첼리의 기압계 실험을 받아들여 연구하고 진공의 존재를 주장하며 내놓은 진공 및 공기압계에 대한 이론은 역학이론의 발전에 큰 역할을 했다.

파스칼의 이와 같은 업적에도 불구하고 일반인들에게 그는 〈팡세Pensées〉로 많이 알려져 있다. 이 책은 그의 종교관이 잘 드러나는 작품으로 유명하며 진리와 행복에 도달하는 방법은 기독교 신앙에 있음을 주장했다.

하지만 39세라는 젊은 나이에 요절하면서 세상은 수학 천재를 잃게 되었다.

# 희망

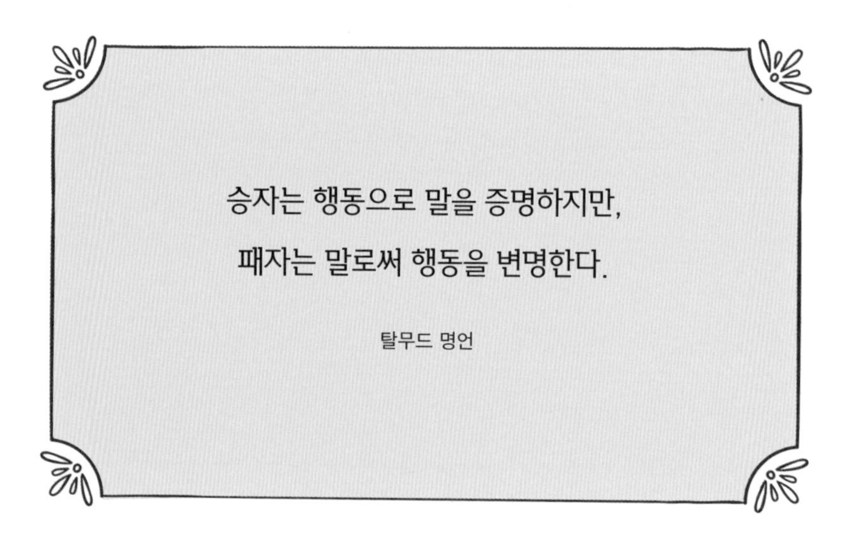

승자는 행동으로 말을 증명하지만,

패자는 말로써 행동을 변명한다.

탈무드 명언

# 희망

어느 날 개구리 세 마리가 우유 통에 빠지고 말았다.

첫 번째 개구리는 아무 일도 하지 않고 하나님께 간절히 기도만 했다.

"하나님! 제가 실수로 우유 통에 빠졌습니다. 제발 저를 구해주세요."

안타깝게도 첫 번째 개구리는 우유 통에 빠져 죽었다.

두 번째 개구리가 절망하며 말했다.

"이 우유 통은 너무 깊어서 나는 도저히 빠져나갈 수가 없어!"

그렇게 두 번째 개구리도 우유 통 속에 빠져 죽었다.

세 번째 개구리가 말했다.

"분명히 이 우유 통을 빠져나갈 방법이 있을 거야! 잠시 생각해보자!"

그러면서 천천히 우유 통 속 여기저기를 헤엄치며 돌아다녔다.

그렇게 시간이 흐르자, 개구리의 발에 딱딱한 덩어리가 닿게 되었다.

개구리가 헤엄을 치면 칠수록 딱딱한 덩어리는 점점 커져갔다 그리고 결국, 그 덩어리는 발을 디딜 수 있을 정도가 되었다.

세 번째 개구리는 그것을 딛고 힘껏 뛰어오를 수 있었다. 자신도 모르는 사이 우유를 휘저어 버터를 만들게 된 개구리는 결국 딱딱한 버터를 딛고 우유 통을 빠져나올 수 있었다.

이 이야기는 우리에게 어떠한 상황에서도 희망의 끈을 놓아서는 안 된다는 교훈을 준다. 깊은 우유 통에 떨어져서도 끊임없이 헤엄을 쳤던 개구리처럼 어렵고 힘든 상황에서도 절대 포기해서는 안 된다는 가르침이다.

우리는 탈무드가 들려주는 많은 우화를 통해 깊은 통찰과 지혜를 마주하게 된다. 그 통찰과 지혜는 생활 속의 세심한 관찰을 통해 나타나기도 한다.

탈무드는 '희망'이라는 이야기를 통해 또 하나의 과학적 현상을 발견하게 해 준다. 그것은 버터가 만들어지는 원리다.

버터는 고대바빌로니아와 인도에서 시작했다는 설이 있을 만큼 오랜 역사를 가진 전통 식재료다. 그리스와 로마에서는 상처에 바르는 연고로 버터를 사용했을 정도로 귀하게 사용했다고 한다.

목축업을 주업으로 삼았던 유대인들에게 동물의 젖으로 만든 버터와 치즈는 그들이 얻을 수 있는 중요한 음식이었을 것이다.

버터는 우유에서 지방을 분리하여 굳혀서 만든 유제품이다. 우유에서 우유 크림을 분리해낸 뒤 오랫동안 저어주면 우유 크림 속의 수분과 지방이 분리되면서 순수한 지방만 남게 된다. 이 지방이 굳으면 버터가 된다.

갓 짠 우유를 상온에 놓아두면 시간이 흐르면서 우유 크림이 우유 상단부로 떠오르게 된다. 우유 크림과 우유가 분리되는 것은 밀도차에 의한 현상이다. 가벼운 지방이 주성분인 우유 크림이 밀도가 무거운 우유의 다른

우유에서 분리한 것이 버터, 치즈가 된다.

성분들과 분리되어 뜨는 것이다.

이렇게 분리된 우유 크림 속에는 지방과 수분이 섞여 있다. 이때 우유 크림을 저어주거나 흔들어주면 크림 안에 있는 지방 입자들이 부딪히면서 유화 상태(기름과 물이 섞인 상태)가 끊어진다. 우유 크림을 끊임없이 저어주는 이유가 바로 지방과 수분의 유화 상태를 분리하기 위해서다.

우유 크림 안에는 유화제(기름과 물이 섞이게 해주는 재료)가 없다. 그래서 우유 크림 속의 지방 입자가 서로 뭉치면 수분과 다시 합쳐지기가 힘들다. 이런 원리를 이용해서 우유 크림 속 수분과 지방이 분리된다.

우유 크림에서 분리된 지방이 '버터'가 되며 수분은 '버터밀크Butter milk'로 불린다. 버터뿐만 아니라 버터밀크도 다양한 음식에  풍미를 높여주는 역할로 이용된다.

전통적인 버터 제조방식은 많은 시간과 노력을 요구한다. 특별한 가공법이 없었던 고대에 버터를 만드는 가장 쉬운 방법은 우유에서 지방인 크림이 분리될 때까지 계속 저어주거나 흔들어주는 수제방식이었다. 이러한 수제방식의 버터 제조법으로는 많은 버터를 생산할 수 없었기 때문에 버터는 매우 귀할 수밖에 없었다.

1878년 구스타프 드 라발Gustaf de Laval이 '우유 크림 분리기'를 발명하기 전까지만 해도 우유에서 크림을 분리하는 작업은 지구의 중력이 담당했다. 우유를 하루 정도 놓아두면 중력에 의해서 비중이 가벼운 우유 크림은 위로, 비중이 무거운 우유 성분은 아래로 가라앉았다.

구스타프 드 라발이 발명한 우유 크림 분리기는 원심분리기의 원리로 만들어졌다. 우유 크림 분리기에 우유를 넣으면 분리기의 원심력을 이용해 가벼운 크림 성분은 가운데로 모이게 되고 비중이 무거운 우유 성분은 바깥으로 모이게 된다. 중력에 의지하여 우유 크림을 분리해냈던 시절과 비교해 버터 제조 시간을 훨씬 단축할 수 있게 된 것이다. 이 기발한 발명품 덕분에 귀한 음식이었던 버터의 대량 생산 가능성이 열리게 되었다.

지금의 버터는 가공 기술의 발달로 발효 버터, 비발효 버터, 무염 버터, 가염버터 등 종류가 아주 많으며 제조방법에 따라 풍미와 맛도 다양해졌다.

우유를 이용한 다양한 제품들.

우리가 어려운 상황에 직면할 때, 앞서 죽어간 두 마리의 개구리처럼 절망을 선택하기 쉽다. 하지만 포기하지 않는 마음으로 끊임없이 행동하고 노력한다면 세 번째 개구리처럼 또 다른 해결점을 찾아낼 수 있을 것이다. 쉬지 않고 움직였던 개구리가 버터를 만들어낸 기적처럼 말이다.

# 인공 버터 마가린

따끈따끈한 토스트와 우유! 생각만 해도 기분 좋아지는 간식이다. 토스트의 가장 큰 매력은 고소한 버터에 구워진 빵이다. 콩기름, 참기름, 해바라기유 등 수많은 식용유가 있지만 뭐니 뭐니 해도 토스트는 고소한 버터에 구워야 제맛이 난다.

하지만 고품질 천연 버터는 값이 비싸다는 단점이 있어서 예나 지금이나 마음껏 사용하기는 어렵다.

19세기 후반, 유럽은 식용유

와 비누 소비가 급격하게 늘어나면서 버터의 대체품에 대한 요구가 점점 높아져 갔다. 프랑스 황제 나폴레옹 3세 또한 가난한 서민들이 버터를 먹을 수 없는 상황에 주목했다. 이때 나폴레옹 3세의 눈에 들어온 사람이 화학자 '이폴리트 메주 무리에Hippolyte Mège-Mouriès, 1817~1880'이다.

무리에는 나폴레옹 3세의 의뢰로 버터의 풍미와 색감을 낼 수 있는 대체 재료를 찾아 합성하기 시작했다. 그리고 오랜 노력 끝에 팔미트산과 마르가르산, 쇠기름을 넣은 우유와 착색제, 향료 등을 넣어 인공 버터인 '마가린'을 탄생시킨다.

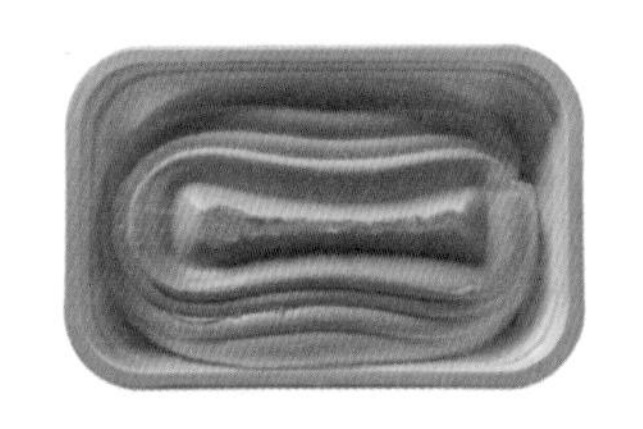

마가린은 선풍적인 인기를 끌었고 1873년 미국 특허까지 받게 된다.

마가린의 인기는 점점 높아져 제2차 세계대전 당시에는 저렴한 가격의 마가린이 군대와 가난한 서민들에게 대량 공급되었다.

마가린은 돈이 없어 버터를 구할 수 없었던 사람들에게도 버터의 맛을 느끼게 해주었고 부족한 식용유를 충분히 대체할 수 있게 해주었다.

무리에는 마가린의 발명으로 엄청난 부와 명예를 얻지만 1880년 의문사를 당한다.

마가린은 '진주와 같은'이라는 뜻을 가진 그리스어에서 따온 말이다. 마가린의 색감이 마치 진주와 같았기 때문이다.

하지만 나폴레옹 3세 시대 마가린의 성분은 진주와 같이 아름답지는 않았다. 값싸게 서민들에게 공급되었지만, 다양한 첨가물이 들어가 동맥경화를 유발하는 트랜스지방이 생기는 등 건강에는 너무나 해로웠기 때문이다.

## 물질의 상태 이야기 : 고체, 액체, 기체

우리는 이 이야기에서 액체인 우유에서 고체인 버터가 나오는 과정을 봤다. 그렇다면 기체, 액체, 고체란 무엇일까? 화학에서는 우리가 쉽게 떠올릴 수 있는 예로 물의 상태를 설명한다.

물은 크게 수증기, 물, 얼음으로 상태를 나눌 수 있다. 각각 기체, 액체, 고체의 상태이다.

그렇다면 기체, 액체, 고체로 나누는 기준은 무엇일까? 다음 그림을 보자.

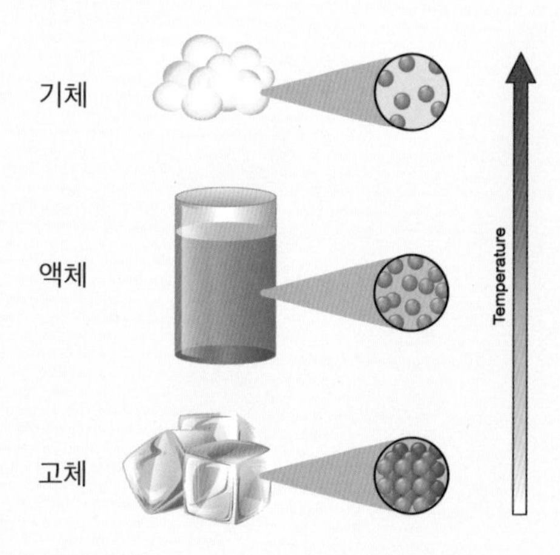

얼음은 자르거나 쪼갤 수 있지만 물은 자르거나 쪼갤 수 없다. 얼음은 어는 방법이나 수단에 따라 일정한 형태를 갖게 되지만 물은 담는 그릇에 따라 모양이 달라진다. 이는 수증기도 마찬가지이다.

얼음과 물은 우리 눈으로 확인이 가능하지만 공기 중에 떠다니는 수증기는 볼 수 없다. 얼음 성분은 같은 물임에도 왜 액체, 기체일 때와는 성질은 다른 것일까?

이는 분자 배열이 달라지기 때문이다.

고체에서 분자들은 일정한 간격을 유지한 채 서로 간의 강제적인 힘으로 배열되어 있어서 제자리에서 움직이는 정도만 겨우 가능할 뿐 움직일 수가 없다. 움직일 수가 없으니 자르거나 쪼개면 다시 합쳐지지도 못하는 것이다.

하지만 액체는 서로의 위치를 자유롭게 바꿀 수 있기 때문에 자르거나 쪼개려고 해도 벌어진 틈을 다른 물 분자가 바로 채움으로써 틈이 사라지게 된다. 물 분자들은 자유롭게 움직일 수 있어 벌어진 틈을 다른 물 분자가 메꾸는 것이다.

그렇다면 기체인 수증기는 어떨까?

움직일 수 없는 얼음이나 자유롭게 움직일 수 있는 물 분자

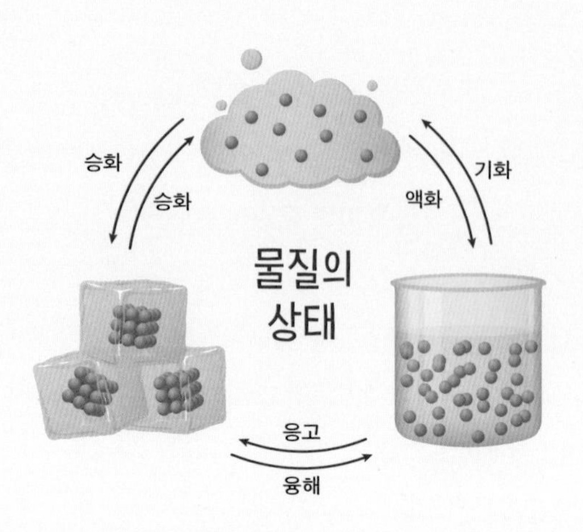


보다 더 자유로운 분자 배열 구조를 가지고 있기 때문에 쉽게 퍼져나간다. 그리고 기체는 얼음이나 물 분자와 같은 크기의 분자와 수를 가지고 있지만 분자 사이의 간격 즉 빈 공간이 크게 늘어난다는 특징을 가지고 있다. 보통 1mℓ의 물이 모두 수증기로 변한다면 약 1,700mℓ가 된다고 한다. 이는 1mℓ에 담겨 있던 물이 수증기가 되면 1,700mℓ의 공간에 담긴다고 상상하면 된다.

# 삶은 달걀과 삶은 콩

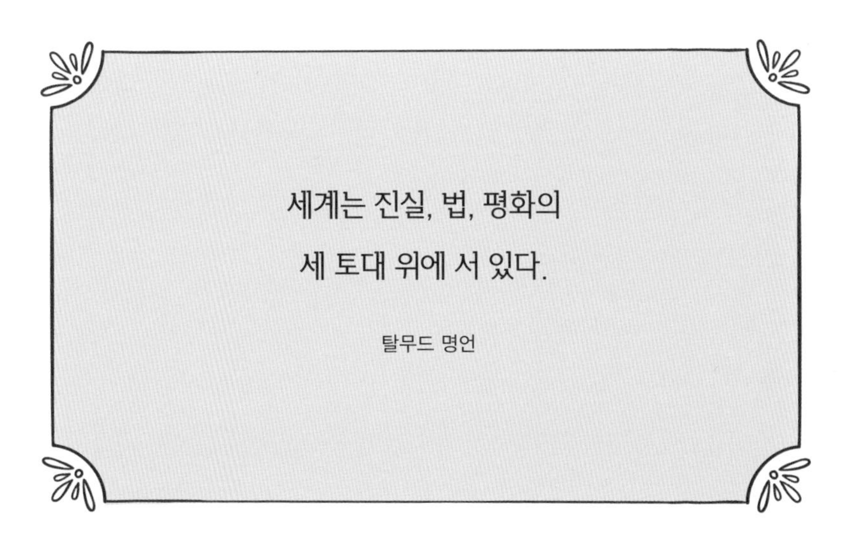

세계는 진실, 법, 평화의
세 토대 위에 서 있다.

탈무드 명언

# 삶은 달걀과 삶은 콩

어느 날 다윗 왕은 아이들을 위한 만찬을 열었다. 만찬에 가장 먼저 도착한 소년은 너무 배가 고파 자신에게 주어진 음식을 먼저 먹고 말았다. 나중에 온 아이들이 밥을 먹으려 하자 먼저 음식을 먹었던 소년은 조금 더 음식을 먹고 싶어졌다.

그래서 친구에게 삶은 달걀 하나를 달라고 부탁했다.

친구는 달걀을 주며 말했다.

"내가 달걀을 줄 테니 대신 다음에 이자를 더해서 갚아줬으면 해."

먼저 밥을 먹은 소년은 흔쾌히 그렇게 하겠다고 하고 달걀을 먹었다.

3년 후 달걀을 빌린 소년은 친구를 다시 만나게 되었다.

친구는 소년을 보자 전에 주었던 달걀을 돌려달라고 했다.

소년은 집으로 달려가 달걀 한 개를 가져와서 친구에게 건네주었다.

달걀을 받은 친구는 의아해하며 되물었다.

"분명히 네가 이자를 주겠다고 약속했는데 달걀 한 개만 주다니……."

달걀을 빌렸던 소년은 자신이 친구와 했던 약속이 생각났다.

"아……. 참 그랬지? 미안해!"

소년은 다시 집으로 달려가 달걀 한 개를 가져왔다.

달걀을 받은 친구는 버럭 화를 내며 말했다.

"이게 뭐니? 이자를 준다고 했는데 겨우 한 개라니……."

갑자기 화를 내는 친구를 보자 소년은 너무 당황스러워 물어보았다.

"그럼 내가 몇 개를 주면 되겠니?"

달걀을 받은 친구는 다시 단호하게 말했다.

"달걀 1000개를 줘!"

그러자 소년은 너무 놀라 말했다.

"뭐라고? 고작 달걀 한 개를 빌렸는데 1000개라니……. 이게 말이 돼?"

"당연하지. 내가 빌려준 달걀에서 병아리가 나오고 그 병아리가 닭이 되고 그 닭이 다시 알을 낳아 또 병아리가 되었을 거야! 지금까지 3년이 흐르는 동안 달걀 하나에서 나온 닭과 달걀을 돈으로 계산해보면 달걀 1000개 값은 충분히 돼!"

결국 두 소년은 싸우기 시작했다. 하지만 도저히 결론이 나질 않았다.

한참을 싸우던 두 소년은 이 사실을 다윗 왕에게 알리고 판결해 달라고 부탁했다.

다윗 왕은 두 소년의 이야기를 듣고 나자, 쉽게 판결을 내릴 수가 없었다.

고민에 빠져 있는 다윗 왕의 모습을 지켜보던 왕자 솔로몬이 재판장에 나와 이야기했다.

"대왕님! 이 문제는 간단합니다. 혹시 대왕님께서는 삶은 콩에서 싹이 나는 것을 본 적이 있으신지요?"

그러자 다윗 왕이 대답했다.

"말이 되는 소리를 하거라! 어떻게 삶은 콩에서 싹이 난단 말이냐?"

솔로몬 왕자는 맞다는 듯 빙그레 웃으며 말했다.

"맞습니다. 대왕님! 삶은 콩에서 싹이 나올 수 없는 것처럼 삶은 달걀에서도 병아리가 부화할 수 없습니다. 병아리가 부화할 수 없는데 어떻게 닭이 되겠습니까? 그러니 1000개의 달걀도 없는 것입니다."

현명한 솔로몬 왕자의 의견을 들은 다윗 왕은 왕자의 말이 옳다고 생각했다. 다윗 왕은 즉시 삶은 달걀을 빌려준 친구에게 한 개의 달걀만 갚도록 판결을 내렸다.

삶은 달걀의 이자를 내라는 소년의 주장에 대해 당신은 어떤 대답을 했을까?

## 유럽인들은 언제부터 이자를 받았을까?

'삶은 달걀과 삶은 콩' 이야기는 코앞에 닥친 다급한 일 때문에 책임질 수 없는 약속을 함부로 해서는 안 된다는 교훈을 담고 있다.

달걀 한 개를 빌렸다가 1000개의 달걀을 갚을 뻔했던 소년의 이야기에서 우리는 유대인들이 얼마나 정확한 경제관념과 철저한 상거래 규칙을 가지고 있었는지 간접적으로 알 수 있다.

유대인은 금융업과 무역업, 상업을 중심으로 부를 축적한 사람이 많다. 조지 소로스(세계적인 투자가), 벤 버냉키(前 2014, 미연방준비제도이사회 의장), 앨런 그린스펀(前 1987년, 미연방준비제도이사회 의장) 등 전 세계 돈의 흐름을 조절하는 핵심 위치에 있는 사람들도 유대인이 많다.

현재 우리가 알고 있는 화폐, 보험, 증권, 담보, 저축, 복식부기 등 은행의 기초를 만들고 다양한 금융 상품을 처음으로 고안해 낸 이들 또한 유대인이었다.

이렇듯 유대인이 금융업에 탁월한 능력을 발휘할 수 있었던 이유는 무엇일까? 그것은 유대인의 방랑의 역사에서 찾을 수 있다.

AD 70년경, 이스라엘이 로마에 점령을 당하자, 수많은 유대인이 고향을 떠나 전 세계를 방랑하는 신세가 되었다.

유대인들이 고향을 떠나 여러 나라를 방랑할 때 유럽은 기독교를 받아들였다. 유럽인들은 종교적 이유로 유대인을 좋아하지 않았으며 유대인 거주지를 따로 둘만큼 유대인에 대한 차별과 억압이 매우 심했다.

그리고 떠돌이 생활을 했던 유대인들에게 농업이나 목축업과 같이 땅을 기반으로 하는 안정된 삶은 보장받기 어려웠다. 이러한 상황 속에서 유대인이 할 수 있는 일은 매우 한정적이었다.

그럼에도 불구하고, 유대인들은 자신들의 불리한 상황을 아주 유리하게 이용했다. 여러 나라에 퍼져 있는 유대 민족 간의 끈끈한 결속력과 정보력을 중심으로 무역업이나 상업 활동을 한 것이다.

이후, 무역업과 상업으로 큰 부를 축적한 유대인 중에는 대규모 자본을 기반으로 고리대금업에 종사하는 사람들이 생기기 시작했다.

기독교 사회였던 중세 유럽은 이자를 받는 일, 특히 고리대금업을 죄악이라고 생각했으며 고리대금업자를 멸시하고 천하다고 여겼다. 유대인들 또한 돈을 빌려주고 이자를 받는 일은 금기시했다. 하지만 유대인이 아닌 사람들에게는 예외적으로 이자를 받을 수 있다고 허용을 했다. 이러한 시대적 배경 아래에서 고리대금업은 기독교인들이 매우 기피하던 틈새시장으로, 유대인에게는 오히려 좋은 기회를 가져다주었다.

국가의 보호를 받지 못하던 유대인이 타국에서 살아남는 방법은 돈이었다. 고리대금업은 대출을 해주고 높은 이자를 받는 것으로 제때 이자를 받지 못하거나 원금을 떼일 수 있는 위험을 안고 있는 사업이었다. 그리고 이방인이었던 유대인은 자산에 대한 권리를 주장하고 보호받기가 쉽지 않았다.

그래서 유대인들은 대출을 회수하는 데 더 악착같았다. 그런 유대인의 모습은 중세 유럽인들에게는 매우 혐오스럽게 비추어졌다.

셰익스피어.

셰익스피어의 소설 '베니스의 상인'에 등장하는 주인공 안토니오와 유대 상인 샤일록의 대립을 보면 기독교인들과 유대인의 갈등이 얼마나 심각했는지를 잘 알 수 있다.

주인공인 '안토니오'는 기독교인이었고 고

리대금업자 샤일록은 유대인으로, 유대 상인 샤일록은 피도 눈물도 없는 고리대금업자의 상징으로 묘사되고 있다.

'베니스의 상인'에서 묘사되고 있는 샤일록의 악독함은 중세 유럽사람들에게 비친 유대인의 모습이었으며 안토니오에 대한 샤일록의 적개심은 유대인에게 비친 기독교인의 모습이었다.

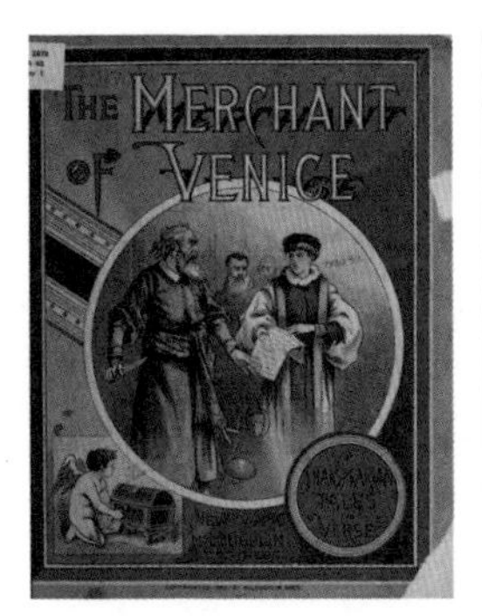

1882년 미국에서 출간된 《베니스의 상인》 표지와 내지.

하지만 예나 지금이나 돈의 위력은 엄청나다. 이러한 시대 상황 속에서도 유대인은 고리대금업을 통해 꾸준히 부를 축적해 갔으며 유럽 사회에 끼치는 영향력 또한 커졌다.

결국 1515년 교황 레오 10세의 칙령에 따라 유럽의 기독교는 고리대금업을 공식적으로 인정하게 되었다.

## 달걀과 복리이자

탈무드 이야기로 돌아가 보자. 소년의 친구는 달걀 한 개를 빌려준 대가로 자그마치 1000개의 달걀을 요구했다. 욕심쟁이 소년의 터무니 없는 요구처럼 보일지 모르나 달걀 하나가 1000개가 될 수 있는 마법이 불가능한 일만은 아니다. 이와 비슷한 재미있는 일화가 있다.

1626년 미국 인디언들은 단돈 24달러의 헐값에 맨해튼 섬을 팔았다. 현재 맨해튼 섬의 가치를 따져보면 이 거래는 너무나 바보 같았고 미국 정부는 순진한 인디언을 속여 맨해튼 섬을 갈취한 것처럼 보인다.

그러나 당시 인디언들에게 맨해튼 섬의 가치는 24달러 상당의 장신구

현대사회의 맨해튼은 금융과 문화예술의 도시이다.

보다 못했을 수도 있다. 가치란 매우 주관적인 것이기 때문이다.

만약 인디언들에게 뛰어난 금융 상식이 있어 24달러를 은행에 저축했다면 어땠을까?

이런 재미있는 상상으로 인디언들의 잃어버린 돈을 찾아 떠난 사람이 있었다.

그는 유명 펀드매니저 '피터 린치Peter Lynch'였다. 린치는 1626년부터 인디언들의 24달러를 8% 복리 채권에 저축했다면 얼마가 될 수 있었는지를 계산했다. 그 결과는 놀랍게도 1989년 당시 30조 달러에 다다르는 금액이었다.

물론 단편적인 계산에 의한 상상이지만 한 개의 달걀이 1000개가 되고 24달러가 30조 달러가 되는 놀라운 기적! 그것이 바로 복리이자의 마법이다.

탈무드에서 다루고 있는 소년의 달걀 1000개는 복리이자 방식으로 계산을 한 것이다. 달걀 한 개에서 나온 병아리가 닭이 되어 알을 낳는 것은 이자를 상징한다. 소년의 친구는 달걀을 빌려준 기간 동안 생겼을 달걀을 모두 이자에 넣어 계산했는데 이런 방식으로 이자를 계산하는 것을 '복리'라고 한다.

이자를 계산하는 방식은 두 가지가 있다. 하나는 '단리이자'이고 다른 하나는 '복리이자'이다.

단리이자는 원금에만 약속된 이자율을 적용해 이자 계산을 하는 방식이다. 달걀을 빌려준 소년이 단리이자로 매달 한 개의 달걀을 받기로 약속했다면 3년 후 받을 달걀의 개수는 원금인 달걀 한 개와 이자 36개 포함, 모두 37개다.

복리이자는 원금과 원금에서 발생한 이자를 합쳐 이자를 계산하는 방식이다. 여기에는 '등비수열'을 이용한다.

등비수열이란, 첫 번째 항에 차례로 일정한 수를 곱하여 만들어진 수열을 말한다. 이때 곱해지는 일정한 수를 '공비'라고 한다.

등비수열의 일반항 공식은 다음과 같다.

$$a_n = ar^{n-1} \text{ (첫째 항 } a\text{, 공비 } r\text{, 항수 } n\text{)}$$

첫째 항이 1이고 공비가 4인 등비수열에서 7번째 항의 수는 얼마일까? 등비수열의 일반항 공식에 넣어보면 바로 구할 수 있다.

먼저, 첫째 항이 1이고 공비가 4인 등비수열의 일반항은 다음과 같다,

$$a_n = 1 \times 4^{n-1} = 4^{n-1}$$

여기서 다시 7번째 항의 수를 구하면 다음과 같다.

$$a_7 = 4^{7-1} = 4^6 = 4096$$

등비수열은 '복리이자'를 계산하는데 활용할 수 있다.

탈무드 이야기 속 소년의 친구가 달걀 1개를 연 10% 복리로 3년간 빌려줬다면 과연 3년 후에는 몇 개의 달걀을 받을 수 있을까? 등비수열을 이용하여 이를 구해보자.

(3년간 빌려준 것은 3년간 예금해 둔 것과 같다.)

**1년 차**

처음 1년 동안은 단리이자와 같은 방식으로 이자가 발생한다.

소년이 받은 달걀의 개수는 달걀 1개(원금)+〔1×0.1(이자율 10%)〕=1.1개이다.

이 식은 결합법칙에 따라 다음과 같이 바꿀 수 있다.

$$1+(1\times 0.1)=1(1+0.1)=1.1\text{개}$$

### 2년 차

2년 차부터는 단리이자와 복리이자의 차이가 발생한다. 단리이자와는 다르게 복리이자는 1년 차에 발생했던 원금(달걀 1개)과 이자(0.1개)가 합쳐져 다시 원금이 된다.

이것을 다시 계산해 보면 2년 차에 소년이 받아야 할 달걀은 다음과 같다.

$$\underbrace{1(1+0.1)}_{\text{1년 차에 받은 원금과 이자}}+\underbrace{1(1+0.1)\times 0.1}_{\text{2년 차 발생이자}}=1(1+0.1)^2=1.21\text{개}$$

### 3년 차

3년 차는 앞서 발생한 1년 차와 2년 차의 원금과 이자를 모두 더한 것이 원금이 된다.

이것을 계산하면 다음과 같다.

$$\underbrace{1(1+0.1)^2}_{\text{2년 차에 받은 원금과 이자}}+\underbrace{1(1+0.1)^2\times0.1}_{\text{3년 차 발생이자}}=1.331\text{개}$$

계산식의 규칙을 이용하여 $n$년 후 받게 될 복리 예금의 원리금 합계를 구하는 공식도 나타낼 수 있다.

**$n$년 차**

원리금 합계를 $S$, 원금을 $a$, 연이율을 $r$, 예치기간을 $n$으로 놓으면 $n$년간의 원리금 합계를 구하는 공식을 증명하는 과정은 다음과 같다.

$$\begin{aligned}S&=a(1+r)^{n-1}+a(1+r)^{n-1}r\\&=a(1+r)^{n-1}\times(1+r)\\&=a(1+r)^n\end{aligned}$$

결론적으로 $n$년 후 받게 될 복리 예금의 원리금 합계 공식은 다음과 같이 나타낸다.

$$S=a(1+r)^n$$

즉 예금의 복리법은 첫 번째 항이 $a(1+r)$이고, 공비가 $1+r$인 등비수열이다.

이 공식에 의해 복잡한 예금의 복리이자를 쉽게 계산할 수 있다.

복리이자의 마법은 아주 황홀하다. 복리이자는 예치기간이 매우 중요하다. 시간이 지날수록 유리해지기 때문이다. 하지만 돈을 예치해 두는 동안 우리는 사고 싶은 것, 먹고 싶은 것 등 우리가 돈으로 즐길 수 있는 모든 즐거움을 잠시 보류해야 한다.

현재의 즐거움을 선택할 것인지 미래의 부를 위해 현재를 포기할 것인지 그것은 자신의 선택에 달렸다.

현재의 다급함 때문에 미래에 다가올 위험을 생각지 못하고 이자를 주겠다고 약속을 해버린 소년의 이야기는 진정으로 중요한 가치를 지키는 방법에 대해 다시 한번 생각하게 해준다.

# 구전 동화로 내려오는 복리 이야기

고대바빌로니아 점토판에는 복리와 분할 상환식 담보대출에 대한 기록이 남아 있다. 그중 AO6770판에는 연이율 20%로 돈의 합계가 두 배가 되려면 얼마나 걸릴 것인지를 구하는 문제가 담겨 있다.

이는 대수학으로 구할 수 있다. 그리고 공식은 앞에서 이미 살펴봤다. 하지만 다시 확인해 보자.

원금을 $a$, 이자(연이율)를 $r$로 할 때 그해 말의 이자는 $r \times a$로 원금 $a+ar$이 총액이 된다. 이를 좀 더 간단히 하면 $a(1+r)$이 된다.

복리이자라면 2년차에는 원금 $a(1+r)$에 이자 $r\times a(1+r)$이 더해져 $a(1+r)+r\times a(1+r)$가 된다. 이를 간단하게 정리하면 $a(1+r)^2$이 된다.

이와 같은 방식을 적용하면 3년차와 4년차는 다음과 같다.

$$a(1+r)^3$$

$$a(1+r)^4$$

$n$년차일 때의 공식은 다음과 같다.

$$a(1+r)^n$$

그렇다면 다음 이야기의 복리이자는 얼마일까?

욕심 많은 부자가 어여쁜 딸과 결혼을 조건으로 부지런히 일할 머슴을 구했다.

그런데 부자는 약속을 지키는 대신 차일피일 미루며 해야 할 일을 더 늘리는 방식으로 일하던 머슴이 지치고 힘들어 나가게 만들었다.

결국 욕심 많은 부자의 악행이 소문이 났다.

이 소문을 듣게 된 어떤 젊은이가 부자를 찾아갔다.

그는 부자에게 다음과 같이 말했다.

"오늘 일한 품삯으로는 쌀 한 톨을 주십시오."

부자는 젊은이의 말에 뭐 이런 바보가 있나 생각했다.

"그리고 내일 일한 품삯으로는 쌀 두 톨을 주십시오. 3일째는 4톨, 4일째는 8톨의 방식으로 품삯을 1년 후 계산해주면 됩니다."

부자는 젊은이의 말에 쾌재를 불렀다. 겨우 쌀 몇 톨이면 된다니 얼마나 어리석은 젊은이인가!

부자는 바로 허락했고 젊은이는 부지런히 일을 했다.

그리고 1년이 되자 젊은이는 그동안 일한 품삯을 요구했다.

과연 젊은이가 받아야 할 품삯은 얼마였을까?

참고로 젊은이가 받아야 할 품삯은 부자가 전 재산을 줘도 모자랐다고 한다.

이것이 바로 복리의 위력이다.

따라서 우리가 적금이나 비슷한 상품을 들게 된다면 이자가 단리인지 복리인지를 살펴봐야 한다.

같은 돈으로 더 많은 이자를 원한다면 그런데 종자돈이 없다면 먼저 1년짜리 단기로 목돈을 만든 뒤 복리 상품을 찾아야 한다.

1년 동안 늘어난 이자와 원금을 합한 금액이 다음 해에 원금이 되어 새로운 이자가 붙는 방식이기 때문이다.

수학을 잘하는 사람이 투자와 정보 활용에 좀 더 유리한 이유도 이와 같은 원리를 쉽게 이해할 수 있기 때문이다. 다음 문제를 풀면 좀 더 명확하게 이해할 수 있을 것이다.

**문제**

어느 마을에 돈이 많은 '왕부자'라는 사람이 살았다. 왕씨는 포도 농사를 지어서 엄청난 돈을 벌었다. 이 돈을 저축하려고 마을의 '오소리 금고'에 갔다. '오소리 금고'의 오소리 점장은 '왕부자' 씨에게 다음과 같은 저축 상품을 권유했는데, 왕부자 씨가 4년 후 받을 원리금 합계는 얼마인지 구하여라.

- 왕부자의 원금: 2000만 원
- 복리이자 연 5% 이율
- 예치기간: 4년

**풀이와 답** 공식 $S=a(1+r)^n$에 대입하면,

$$S=20{,}000{,}000\times(1+0.05)^4$$
$$=24{,}310{,}125(\text{원})$$

## 은행 이자 계산법

적금을 들 때 이자가 어떻게 나오는지 궁금한 사람들을 위해 공식을 소개한다.

예치식

· 단리: 원금 $\times \left(1 + r \times \frac{n}{12}\right)$

· 연복리: 원금 $\times (1+r)^{\frac{n}{12}}$

단기로 예치하는 것이라면 기간에 따른 계산식은 다음과 같다.

· 매월 복리: 원금 $\times \left(1 + \frac{r}{12}\right)^{\left(n \times \frac{12}{12}\right)}$

· 3개월 복리: 원금 $\times \left(1 + \frac{r}{4}\right)^{\left(n \times \frac{4}{12}\right)}$

· 6개월 복리: 원금 $\times \left(1 + \frac{r}{2}\right)^{\left(n \times \frac{2}{12}\right)}$

적립식

· 월납 적금 만기 수령액=원금 + 이자

월납 적금 원금: 월납 입금×$n$(개월수)

$-$이자(단리): 월납 입금$\times \frac{n(n+1)}{2} \times \frac{r}{12}$

$-$이자(연복리): 월납 입금$\times \frac{\left\{(1+r)^{\frac{(n+1)}{12}} - (1+r)^{\frac{1}{12}}\right\}}{\left\{(1+r)^{\frac{1}{12}} - 1\right\}}$ $-$ 원금

$-$이자(월복리): 월납 입금$\times \left(1+\frac{r}{12}\right) \times \frac{\left\{\left(1+\frac{r}{12}\right)^{n} - 1\right\}}{\frac{r}{12}}$ $-$ 원금

이 공식만 제대로 이해한다면 어떤 예금과 적금을 선택해야 할지 명확해질 것이다.

# 신기한 풀

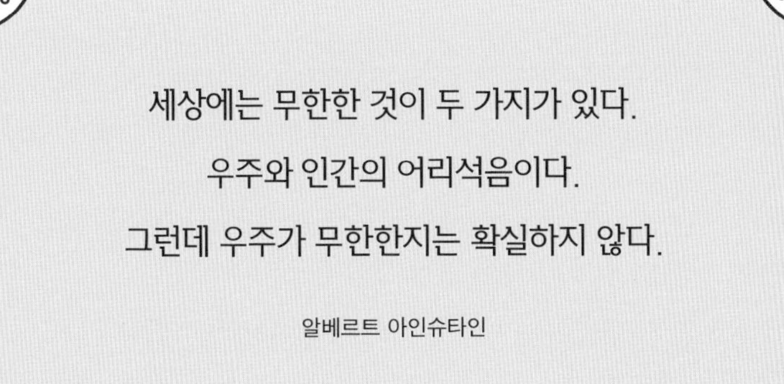

세상에는 무한한 것이 두 가지가 있다.

우주와 인간의 어리석음이다.

그런데 우주가 무한한지는 확실하지 않다.

알베르트 아인슈타인

# 신기한 풀

어느 날 한 나그네가 숲을 지나고 있었다.

마침 나무 위에 앉아 있던 엄마와 아들 까마귀의 대화를 듣게 되었다.

엄마 까마귀는 아들 까마귀를 혼내며 말했다.

'왜 너는 사람 옆에 가지 말라고 했는데…… 엄마 말을 듣지 않는 거니?'

아들 까마귀는 엄마의 충고를 대수롭지 않게 여겼다.

'괜찮아요! 어제도 갔었는데, 멀쩡한걸요!'

이 말을 들은 엄마 까마귀는 아들 까마귀의 성의 없는 태도에

너무 화가 났다.

'뭐라고! 전에도 사람 옆에 갔다가 죽을 뻔했잖니!'

엄마 까마귀는 아들 까마귀의 등을 후려치며 말했다. 그러자 아들 까마귀는 엄마 까마귀의 세찬 날갯짓에 그만 나무에서 떨어져 죽고 말았다.

아들 까마귀가 죽는 것을 본 엄마 까마귀는 너무 놀라 어디론가 날아가더니 풀 하나를 물고 돌아왔다. 그러고는 아들 몸 위에 풀을 올려놓았다. 그러자 아들 까마귀는 금세 다시 살아나 엄마 까마귀와 어디론가 날아갔다.

이것을 본 나그네는 땅에 떨어진 그 신기한 풀을 주워 소중히 간직하고 다시 길을 떠났다.

숲길을 한참 걸어가던 나그네는 이번에는 혈투를 벌이고 있는 새 두 마리를 발견했다. 그런데 갑자기 두 마리 새 중 한 마리가 땅에 떨어져 죽었다.

친구가 땅에 떨어져 죽는 것을 본 다른 새는 어디론가 날아가더니 또 다시 풀을 가지고 돌아왔다. 그 새도 죽은 새 위에 풀을 올려놓자 죽었던 새가 다시 살아났다.

나그네는 이번에도 역시 신기한 풀을 얻게 된 것을 큰 행운으로 생각하며 신기한 풀을 소중히 간직한 채 길을 떠났다.

나그네는 신기한 풀을 이용해 많은 돈을 벌 수 있는 일이 무엇이 있을까를 생각하며 신나게 발걸음을 옮겼다.

'마을에 가면, 장례를 치르는 집을 찾아 죽은 사람을 다시 되살려 주겠다고 해야지! 그리고 많은 돈을 달라고 해야겠어! 만약, 이 소문이 퍼진다면 난 큰 부자가 될 거야! 하하하.'

생각만 해도 신이 난 나그네는 한껏 꿈에 부풀어 부지런히 걷다가 이번에는 죽은 사자를 발견했다.

죽은 사자를 보자 나그네는 갑자기 풀의 효능이 진짜인지 궁금해졌다.

'그래! 저 죽은 사자에게 이 풀을 시험해 봐야겠다.'

문득 떠오른 호기심에 나그네가 신기한 풀을 사자 몸 위에 올려놓자, 사자가 다시 살아났다. 그러고는 눈앞에 있는 나그네를 보자 바로 잡아먹었다.

마침 이 광경을 지켜본 엄마 까마귀가 나그네를 비웃으며 말했다.

'정말 인간들은 한심하다니까! 아무리 소중한 보물도 인간의 손에만 들어가면 전부 재앙이 돼버리니까.'

'신기한 풀'은 아무리 좋은 물건도 그것을 사용하는 사람의 마음 자세에 따라 가치가 달라질 수 있다는 가르침을 준다.

나그네는 우연한 행운으로 엄청난 보물을 얻게 되었다. 나그네가 조금만 더 신중하게 풀의 효능을 이해하고 그 가치를 살릴 수 있는 일에 사용했다면 어땠을까? 아마도 사자에게 어이없는 죽임을 당하지는 않았을 것이다.

탈무드는 많은 사람을 구할 수도 있었던 보석을, 죽음을 불러오는 재앙으로 만든 나그네의 어리석은 모습을 통해 노력 없이 얻은 큰 행운 앞에서는 더 신중한 태도를 보여야 한다고 말한다.

나그네의 죽음을 목격한 엄마 까마귀가 '보물을 재앙으로 만드는 게 인간'이라며 비웃는 장면은 인간이 자연의 가치를 얼마나 하찮게 생각하고 소중하게 여기지 않는가에 대한 비판을 담은 듯하다.

## 독과 약

독과 약은 동전의 앞뒷면과 같다. 효과 좋은 약일수록 그에 상당하는 독성분을 지니게 된다. 지구상에 있는 식물 대부분은 자신을 보호하기 위해 독 성분을 발전시켜왔으며 동물들은 식물을 섭취하기 위해 해독 시스템을 발전시켜왔다.

'신기한 풀'에서는 죽은 동물을 살리는 풀이 등장한다. 이 장면을 보면 인류는 오래전부터 식물을 식용과 약용으로 이용해왔다는 것을 알 수 있다.

나그네가 자신이 발견한 '신기한 풀'에 대한 지식을 쌓고 효능을 잘 이해할 수 있었다면 어떠했을까? 나그네와는 달리 '신기한 풀'을 모아 공익을 위해 쓰고자 노력했던 사람이 있었다. 그는 1596년 선조의 명으로 중국의 의서를 모아 우리나라 환경에 맞게 재탄생시킨 허준이다.

허준의 《동의보감》은 허준의 노력과 경험이 집대성된 동양 최고의 의서 중 하나다.

허준의 동의보감이 특히 다른 의서와 다른 점은 비싸고 구하기 힘든 약초가 아닌 우리 주변에서 흔하게 볼 수 있고 쉽게 구할 수 있는 재료를 우리말로 소개하고 있다는 점이다.

전쟁 이후, 병에 시달리는 서민들을 위해 선조는 우리나라의 들과 산에서 쉽게 구할 수 있는 약재로 병을 낫게 하는 방법을 담은 의서를 만들 것을 명한다.

그래서 탄생한 《동의보감》은 25권 25책으로 되어 있다.

허준은 동의보감 집필에 평생을 바쳤을 만큼 열과 성을 다했다고 한다.

《동의보감》. 국립중앙박물관 소장.

## 독이 되는 식물, 약이 되는 식물

'잘 쓰면 약이요 못 쓰면 독'이라는 말이 있다. 같은 물건이라도 쓰는 사람의 행위와 목적에 따라 그 물건의 가치와 쓰임이 이익이 될 수도 해악이 될 수도 있다는 뜻이다.

똑같이 물을 마시고 젖소는 우유를 만들지만, 뱀은 독을 품는 이치와 일

맥상통하는 이야기다. 식물도 마찬가지다. 같은 식물이라도 이용하는 부위와 방법에 따라 독이 될 수도 약이 될 수도 있다.

현대 의학에 사용되고 있는 약재 대부분은 식물에서 왔다. 식물에서 추출한 재료를 이용해 치료약을 만드는 역사는 아주 깊다. 모든 약용 식물에는 강하든 약하든 독성이 있다. 이런 양면성은 식물이 자신을 보호하고 자연에서 살아남기 위해 만들어낸 시스템이다.

탈무드 이야기 속의 새들은 죽은 동물을 살려내는 데 필요한 약초를 잘 알고 있었다. 이 장면은 매우 흥미로우면서도 시사하는 바가 크다.

사람과 달리 동물들은 본능적으로 독이 되는 식물과 약이 되는 식물을 알고 있는 게 아닐까? 동물과는 다르게 인간은 식물 하나의 약리작용을 알아내는 데 오랜 경험에서 얻은 통계가 필요했다. 이 통계 뒤에는 수많은 사람의 희생이 밑받침되었을 것이다.

우리가 전통적으로 먹어온 식용식물과 약초들은 선조들의 오랜 경험을 통해 독성의 유무와 약리작용이 증명된 재료다. 나무와 풀의 뿌리부터 줄기, 잎, 열매, 씨앗까지 모든 부위가 약이면서 독이 될 수 있다. 우리가 흔하게 접하는 식재료임에도 우리가 몰랐던 독성이 있는 대표적인 식물 몇 가지를 알아보자.

## 감자

감자는 대표적인 구황작물로 우리 주변에서 흔하게 볼 수 있는 식물이다. 구황작물이란, 비교적 재배가 쉬워 기근이나 흉년에 주식을 대체하여 먹는 작물을 말하는 것으로 감자를 비롯한 옥수수, 고구마, 조, 기장, 메밀 등이 있다.

감자는 우리가 즐겨 먹는 음식 재료지만, 관리가 쉽지 않다. 적정한 습도와 온도를 벗어나면 감자의 수분이 빠져 마르면서 파랗게 되고 싹이 나기 시작한다. 이때는 싹이 난 부위를 제거하고 조심스럽게 먹어야 한다. 감자의 싹에는 '솔라닌'이라는 독이 있기 때문이다.

'솔라닌'은 현기증, 구토, 설사, 인후염, 관절통 등 위장장애와 신경 장애를 일으킨다고 한다. 심한 경우엔 환각과 마비, 저체온증으로 사망할 수도 있다.

식물이 '솔라닌'을 사용하는 이유는 곤충들로부터 자신을 지키기 위해서다. 감자는 빛에 노출되거나 병에 걸렸을 때 솔라닌의 양이 증가한다.

식물의 독은 약으로 쓰이기도 하는데 '솔라닌'은 살충제로 쓰이며 과거에는 천식의 치료제로도 쓰였다. '솔라닌'은 감자뿐만 아니라 토마토, 가지 등에도 있다. 그래서 되도록 날것으로 먹지 않고 익혀 먹는 것이 좋다.

### 사과

백설 공주는 나쁜 계모가 준 독 사과를 먹고 깊은 잠에 빠진다. 계모는 사과에 독을 바르지만, 만약 백설 공주가 사과의 씨를 먹었다면 굳이 독을 바르지 않아도 사망에 이르렀을지 모른다(물론 사과 씨를 단기간에 아주 많이 먹거나 오랜 시간 꾸준히 먹는다는 전제가 붙는다).

그래서 혹자는 백설 공주가 죽었다면, 사과에 바른 독이 아닌 사과 씨에 있는 독성분 때문이었을 거라고 한다. 사과 씨의 독성을 잘 알고 있었던 계모가 일부러 백설 공주에게 사과를 가지고 간 것이라는 상상을 각색한 것이다. 그리고 이 상상은 현실적으로 불가능한 이야기가 아니다.

사과 씨에는 아미그달린amygdalin이라는 성분이 들어 있다. 아미그달린은 사과뿐만 아니라 복숭아와 포도, 아몬드, 앵두, 청매실, 아마씨 등 씨앗에 들어 있는 성분이다.

아미그달린은 인체의 소화효소에 분해되어 사이안화수소산HCN이 된다. 탄산보다 약한 일염기산으로 이것을 청산hydrocyanic acid이라고도 부른다. 청산의 수소가 칼륨으로 치환(화합물의 분자 속에 원자를 다른 원자로 바꾸는 반응)되면 '청산가리'라고 하는 사이안화칼륨KCN이 된다. 사이안화칼륨이 물에 녹아 이온화되면서 발생하는 사이안화 이온$CN^-$이 청산가리

독성의 원인이다.

히틀러 시대 나치가 사용했던 끔찍한 살인 가스인 '사이안화수소'는 청산가리에 황산을 넣어 제조한 것으로, 조금만 흡입해도 사망에 이르는 무서운 독가스다. 청산가리에서는 비릿한 아몬드향이 난다고 한다. 혹시나 실수로 청산가리를 흡입한 사람이 있다면, 절대 인공호흡을 해서는 안 된다. 입 주변에서 비릿한 아몬드향이 난다면 청산가리에 의한 중독임을 알고 재빨리 119를 부르는 게 낫다.

사이안화수소는 우리 주변에서도 발생할 수 있어 주의가 필요하다. 화재가 발생하면 아주 신속하게 집 밖으로 나가야 한다. 화재 발생 시, 불에 타서 목숨을 잃는 경우보다 가스에 중독돼 목숨을 잃는 경우가 더 많다고 한다. 이유는 우리가 사용하고 있는 양말, 의류, 스웨터, 건물의 절연체, 냉장고 외벽, 자동차 부품 등이 불에 그을리면 사이안화수소와 같은 독가스가 발생할 수 있기 때문이다.

사이안화 이온은 인간의 미토콘드리아에 존재하는 시토크롬 산화효소cytochrome oxidase의 철이온$Fe^{3+}$과 만나 시토크롬 산화효소의 기능을 마비시킨다. 시토크롬 산화효소는 포도당과 산소가 결합하여 에너지로 변환되

는 과정에 관여하는 촉매다.

만약 이 효소가 작동하지 않게 되면 인체 에너지 공장이라 불리는 미토콘드리아에 산소가 공급되지 않는다. 결국 세포는 에너지를 낼 수 없게 되고 인체에 치명상을 입히게 되어 사망하는 것이다.

### 강낭콩

콩은 '밭에서 나는 고기'라고 불리는 대표적인 단백질 식품이다. 두부, 두유, 된장 등 특히 한국인들이 즐겨 먹는 음식의 재료로 큰 사랑을 받아왔다.

강낭콩은 탄수화물, 단백질, 지질로 구성되어 있으며 각종 무기질과 비타민, 엽산 등 풍부한 영양소를 가지고 있다. 식이섬유가 많아 변비에 좋으며 항산화 작용을 하는 사포닌과 피로 해소에 도움이 되는 레시틴이 풍부하다. 이밖에도 면역력 증진, 동맥경화 예방, 다이어트 등에 도움을 준다.

하지만 날콩은 사정이 다르다. 생강낭콩 안에는 '렉틴'과 '피토헤마글루티닌'이라고 하는 독성 성분이 들어 있다. '렉틴'과 '피토헤마글루티닌'은 구토, 설사, 메스꺼움과 두통을 유발한다. 이것을 방지하기 위해서는 강낭콩을 잘 익혀서 먹어야 한다.

강낭콩과 마찬가지로 팥에도 '렉틴'성분이 있어 반드시 익혀 먹어야 하는 식품이다.

**은행**

노랗게 물든 은행나무가 거리를 물들일 때면, 가을의 풍요로움과 아름다움에 젖어 들곤 한다. 은행은 은행나무의 열매로, 맛있는 간식과 술안주, 약재로 쓰이는 고마운 식품이다.

전통적으로 은행은 백과白果라는 이름의 약재로 가래와 기침을 없애는 진해, 거담제로 이용되었고 천식과 기침, 잦은 소변 등과 같은 병에 효능이 있는 것으로 알려져 있다. 또한 풍부한 영양분이 있어 자양강장제로 쓰이기도 한다.

하지만 이런 효능을 가진 은행도 너무 많이 섭취하면 중독을 일으킬 수 있다, 은행에는 메틸피리독신과 사이안 배당체 등의 독성물질이 있다.

따라서 은행을 너무 많이 먹으면 의식불명과 발작을 일으킬 수도 있으며 심하면 사망에 이르게 된다고 한다.

때문에 은행을 섭취할 때는 반드시 익혀 먹어야 하며 성인 기준 하루 10개 이상의 섭취는 피해야 한다.

## 시금치

1930년대 미국의 시금치 소비량을 30% 이상 폭등하게 한 만화영화 시리즈가 있다. 그것은 '뱃사람 뽀빠이'다. 미국의 시금치 재배 농가들은 감사의 표시로 뽀빠이 동상을 세울 만큼 만화의 영향은 대단했지만 뽀빠이가 힘의 원천으로 사용한 '시금치'는 실제 사실과 아주 다르다. 시금치에 들어 있는 영양성분 대부분은 비타민, 무기질, 엽산 등이며 100g당 열량은 약 20~30cal다.

시금치에 함유된 대표적인 영양소로는 비타민C, 제아크산틴과 루테인 등이 있으며 특히 제아크산틴과 루테인은 시력보호에 뛰어난 성분이다.

또한 칼슘과 철이 풍부한 채소로 알려진 시기도 있었다. 여기에는 시금치의 효과가 엄청나게 부풀려지게 된 재미있는 비화가 숨어 있다.

한 식품 연구소의 연구원이 시금치의 철 함량을 연구하던 중 시금치에서 나온 철 함량 수치의 소수점을 한 자리 잘못 찍어 발표하게 되었다. 이 실수 때문에 시금치는 원래 수치보다 10배 이상 높은 철을 함유한 슈퍼 채소의 반열에 오르게 되었고 상업 만화의 이미지와 합쳐져 지금까지도 철분의 대명사로 오해받고 있다.

시금치에는 철 성분 이외에도 많은 금속 이온이 함유되어 있는데 마그네슘이 대표적이다. 시금치를 끓는 물에 오래 데치면 누렇게 색이 변하는 것은 시금치에 함유된 마그네슘이 빠져 나와 생기는 현상이다.

이밖에도 시금치에는 많은 무기 금속 이온이 시금치의 유기산과 결합한 상태로 함유되어 있다. 특히 시금치에 많은 옥살산이온은 칼슘과 결합해 옥살산칼슘을 만들게 되는데, 이것이 콩팥과 요로에서 발견할 수 있는 결석의 주성분이다. 시금치가 좋다고 해서 너무 많이 섭취하면 요로결석이나 신장결석에 걸릴 수도 있다.

우리 몸은 옥살산이온의 수치가 높아지면 반대로 칼슘이온 수치가 낮아진다. 칼슘이온의 농도가 낮아지면 신경 전달 이상, 근육수축, 심정지가 올 수도 있다고 하니 적절한 섭취를 권장한다.

의사들은 우리 몸의 건강을 위해서 건강한 식습관을 가져야 한다고 말한다. 그리고 채소는 우리 몸에 유익하다고 알려져 있다.

## 맹독이 약이 되는 투구꽃의 뿌리

사약의 재료가 되는 '부자附子'는 독성이 매우 강한 '투구꽃'의 뿌리를 말리거나 가공한 것을 말한다. 부자는 성질이 따뜻하여 열을 내는 약재로 몸 안의 차가운 기운을 몰아낸다. 맹독성 약재지만 '부자'도 잘 쓰면 쇠약해진 신체의 기운을 북돋우고 오한, 마비, 신경통, 설사, 만성궤양 등에 효과가 있는 약이 되며 항염증 작용과 진통작용을 한다.

투구꽃.

부자의 대표적인 독성 성분은 백색 결

정성 알칼로이드인 아코니틴Aconitine 계열의 독이다. 아코니틴 계열의 독은 부정맥(심장이 불규칙적으로 뛰는 현상)을 일으킨다.

알칼로이드가 많이 함유된 부자는 혀의 마비로 인한 언어장애, 정신착란, 의식불명에 이를 수 있어 전문적인 지식 없이 다루는 것은 매우 위험하다.

부자는 단독으로 절대 쓰지 않으며 약재로 쓸 때는 감초와 함께 쓰고 절대 생으로 먹어서는 안 된다. 부자의 독은 대부분 열에 의해 독성이 약해지기 때문에 반드시 오래 달여서 사용해야 한다.

한약은 체질에 따라 들어갈 약재들을 고르며 이때 약재들의 효능과 궁합은 중요하게 고려되고 있다.

## 약방의 감초

한약을 지을 때 거의 대부분 들어가는 재료가 있다. 바로 감초이다.

그래서 속담에도 '약방의 감초'란 말이 있다.

어디에나 있다는 의미로 그만큼 흔하지만 쓸모가 있다는 의미를 담고 있다.

그렇다면 왜 한약에는 감초를 넣는 걸까?

가장 중요한 이유는 감초가 독을 중화시키거나 완화시키는 역할을 해주기 때문이다. 감초는 거의 대부분의 한약재와 잘 어울린다고 한다. 서로 상극이 되는 한약재가 없다고 봐도 될 정도로 독성이 없는 성질을 보여준다.

그런데 이는 반대로 감초의 단점이 되기도 한다.

한약재의 약효를 내는 재료들에 감초를 너무 많이 쓰면 정작 한약의 약효가 중화되어 효과가 미비할 수도 있는 결과를 초래하기 때문이다.

따라서 감초는 많이 넣는다고 좋은 것이 아니며 한약재의 특성에 따라 양을 조절해야 원하는 효과를 얻을 수 있다. 많이 넣는 것보다는 조금 넣는 것이 더 낫다고도 한다.

보통 한약재 1kg에 들어갈 감초의 양은 5~10g 정도가 적당하다고 알려져 있다.

감초는 아주 단 맛을 내기 때문에 쓰거나 삼키3기 어려운 상태의 재료를 좀 더 쉽게 마실 수 있도록 맛을 변화시켜주기도 한다.

이밖에도 항염증 작용, 면역력 증진에도 효과가 있으며 감초에서 추출한 글라브리딘Glabridin 성분은 위 점막 보호와 헬리코박터 파일로리균 증식 억제 등 위 건강에 도움이 된다고 식품의약품안전처에서 인정했다.

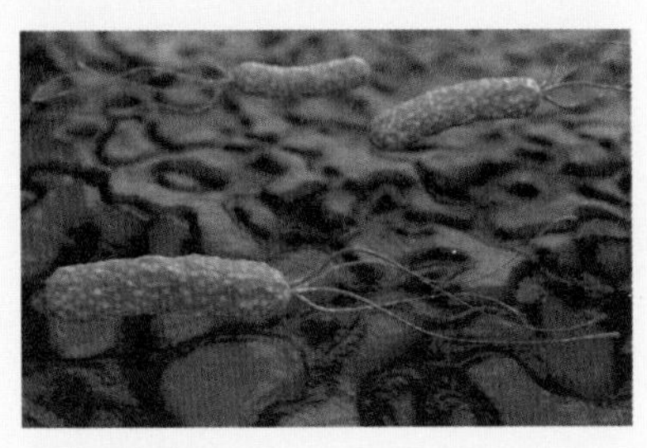
헬리코박터균.

감기에도 좋아 감초차도 많은 사람들이 즐기고 있을 정도로 감초는 현대에서도 여전히 사랑받는 한방 재료이다.

그리고 벌레와 모기를 쫓는 천연 벌레퇴치제로도 알려져 있다.

# 사과나무와 노인

당신의 믿음은 당신의 생각이 된다.

당신의 생각은 당신의 말이 된다.

당신의 말은 당신의 행동이 된다

당신의 행동은 당신의 습관이 된다.

당신의 습관은 당신의 가치가 된다.

당신의 가치는 당신의 운명이 된다.

간디

# 사과나무와 노인

어느 날 나그네가 길을 가다 사과나무를 심는 노인을 보았다.

나그네는 호기심이 생겨 노인에게 물었다.

"어르신! 사과를 언제쯤 먹을 수 있을까요?"

노인은 잠시 하던 일을 멈추며 말했다.

"한 30년쯤 후에 먹을 수 있을 겁니다."

그러자 나그네는 의아해하며 말했다.

"그럼 어르신께서는 사과를 따 먹지 못하시겠군요! 그런데 왜 사과나무를 심고 계시는 건지요?"

이 말을 들은 노인은 나그네에게 이야기했다.

"아마도 저는 이 사과나무의 열매를 따 먹지 못할 겁니다. 그때쯤이면 저는 이 세상에 없을 테니까요. 하지만 나 역시 어릴 적에 할아버지가 심은 과일나무에서 많은 과일을 따 먹을 수 있었습니다. 지금 내가 하는 일은 제 할아버지가 저를 위해서 하신 일과 똑같은 일이랍니다."

'사과나무와 노인'에서는 자손을 위해 미래를 준비하는 노인의 모습이 담겨 있다. 자신의 조상이 그래왔던 것처럼 앞으로 살아갈 세대를 위해 준비하고 투자하는 노인의 행동은 우리에게 큰 감동을 준다.

사과나무는 미래를 위한 준비와 투자를 상징한다. 미래를 위한 투자와 준비는 개인, 공동체, 국가, 전 지구적으로 그 목표와 방향이 모두 다를 것이다.

4차 산업시대를 살아가고 있는 우리에게 미래를 위한 준비는 매우 정교한 미래 예측에서부터 시작된다. 가깝게는 내일 아침 날씨 예보에서부터 멀게는 향후 10~20년 동안 도래할 사회변화에 이르기까지 미래 예측에 대한 요구는 급격한 변화의 시기에 더욱 강해진다.

과학기술의 발달이 가져다준 급변하는 사회와 눈에 띄게 심각해지는 기후변화 그리고 전염병 등 우리에게 이미 와 있는 감당할 수 없는 변화들이 불안감으로 작용하고 있는 것도 원인 중 하나다.

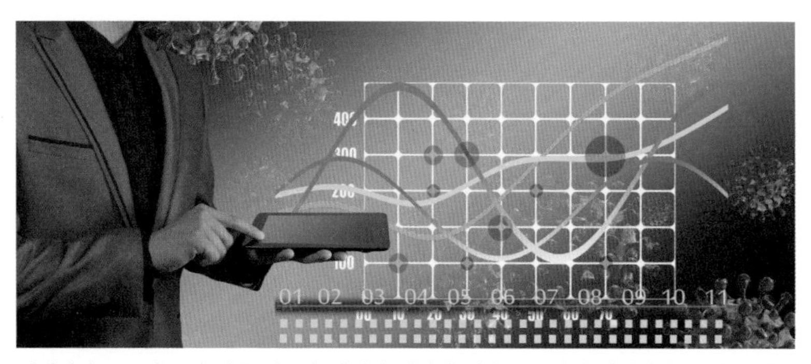

전쟁이나 코로나19와 같은 변수가 생기면 세상의 질서는 급격히 재편된다. 그리고 사람들은 통계를 이용하고 미래 예측을 시도하며 변화에 대응하고 있다.

그러나 미래는 현재를 넘어서는 도달할 수 없는 시간이다. 미래 예측은 현재에서 벌어지고 있는 변화를 감지하는 것에서 시작한다.

세계 3대 투자자 중 한 사람인 '짐 로저스 Jim Rogers'는 투자의 전설로 통한다. 그의 투자가 사람들에게 주목을 받는 이유는 막연한 예언과 짐작이 아닌 수학적이고 정밀한 통계에 근거하기 때문이다. 그는 이러한 수학적 통계와 통찰을 기반으로 미래의 변화를 예측하고 그 가능성에 투자를 하는 것이다.

짐 로저스가 단순히 주사위 굴리기나 호사가들의 입소문을 따라 움직였다면, 지금의 타이틀은 얻지 못했을 것이다.

통계는 모든 산업에 엄청난 영향력을 미친다. 인구 변화 통계는 한 국가의 미래 정책 수립에 중요한 참고자료가 되며 신체치수 통계는 패션산업의 디자인과 판매에 핵심 데이터가 된다. 이밖에도 수많은 통계의 위력은 4차 산업과 만나며 더 커져가고 있다. 그 변화의 선두에는 4차 산업혁명의 꽃이라고 불리는 빅데이터가 있다.

현대의 미래 예측은 수많은 분야의 방대한 데이터를 다루는 '빅데이터'에 의해서 이루어진다. 탈무드 속 노인의 사과나무는 이제 빅데이터라는 현대판 사과나무로 변신했다.

빅데이터란 많은 양의 데이터를 효율적으로 수집 분석하는 거대한 시스템이다. 생활 속에서 빅데이터의 가치를 느낄 수 있는 가장 친숙한 분야는 마케팅이다. 로켓배송, 새벽 배송 등 초고속 배송이 가능할 수 있는 이유는 소비자의 구매패턴 분석에 빅데이터 기술을 적용했기 때문이다.

이밖에도 서울시 심야 버스노선도, 미국 오바마 대통령 선거, FBI의 범죄 프로파일링, 미국의 기상청, 나사NASA 등에서 빅데이터를 활용하여 성공한 사례가 많다. 이렇듯 빅데이터는 우리 생활 속으로 들어와 인공지능, 사물 인터넷, 로봇 등 4차 산업을 발전시키는데 중요한 역할을 하고 있다.

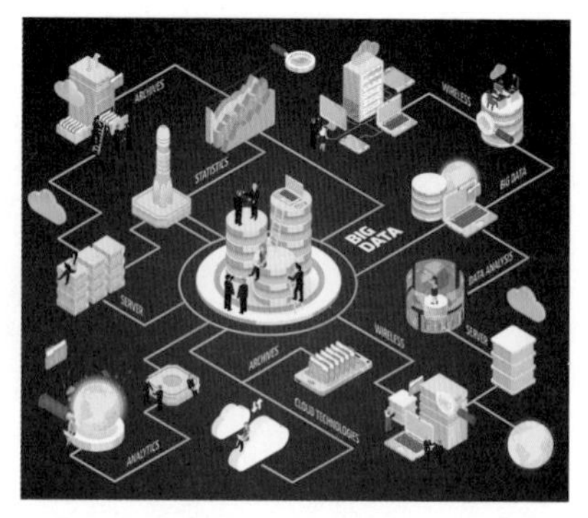

빅데이터 안에 담긴 수많은 정보는 재화로서의 가치가 높다.

특히 사물 인터넷의 발달은 빅데이터와 맞물려 우리 사회의 예측 시스템을 더욱 정교하게 만들 것으로 예상한다.

그래서 2002년 개봉된 영화 〈마이너리티리포트〉속, 여러 데이터를 기반으로 범죄를 미리 예측하여 예방한다는 매우 신선한 소재가 어쩌면 머지않은 날에 현실이 될 수도 있다.

## 빅데이터는 무엇인가?

데이터를 저장하는 데이터베이스와 빅데이터는 다르다. 빅데이터가 다루는 엄청난 양의 데이터는 인간이 상상할 수 없을 만큼 방대한 영역이다. 빅데이터라고 하면 테라바이트(1,024TB) 이상의 용량에 해당하는 데이터를 말한다.

컴퓨터는 인간의 언어가 아닌 0과 1로 구성된 이진법 숫자의 형태로 데이터를 이해하고 저장한다. 이처럼 컴퓨터가 연산을 통해 쉽게 이해할 수 있도록 정리된 엑셀 파일과 같은 데이터를 '정형 데이터'라고 하며, 문서, 동영상, 사진, 웹 검색정보, SNS, 유튜브, 자연어(사람 언어) 등 컴퓨터가 이해할 수 없는 형태의 데이터를 '비정형 데이터'라고 한다. 빅데이터는 정형 데이터와 비정형 데이터를 모두 다룬다.

현재 빅데이터 기술은 넘쳐나는 비정형 데이터를 얼마나 효율적이고 빠르게 수집, 분석할 수 있는가에 이목이 쏠리고 있다. 비정형 데이터는

'텍스트마이닝', '웹 마이닝', '오피니언 마이닝'이라는 기술을 통해 컴퓨터가 이해 가능한 정형 데이터로 바꾼다.

마이닝mining은 데이터에서 통계적인 의미가 있는 개념이나 특성을 추출해 이들 간의 패턴이나 추세 등의 고품질 정보를 끌어내는 과정을 말한다. 컴퓨터가 이해할 수 없는 다양한 형태의 데이터인 비정형 데이터는 정해진 형태가 없기 때문에 데이터 수집의 난이도가 높다. 또한 이와 같은 데이터를 원하는 다른 모양으로 가공하는 파싱data parsing이 필요하기 때문에 처리도 어렵다. 따라서 이를 정형 데이터로 바꾸고 엄청난 양의 데이터를 순식간에 처리할 수 있는 빠른 처리속도가 가능해야 한다. 분석 시간이 오래 걸리면 양질의 데이터라 할지라도 적절한 곳에 유용하게 쓰일 수 없기 때문이다.

빅데이터의 정보는 단순한 정보의 나열이 아닌 가치를 가져야 한다. 수많은 데이터 속에서 가치 있는 정보를 찾아내는 것도 빅데이터의 특징이라고 할 수 있다.

## 빅데이터에 담긴 수학

빅데이터 기술이 가치 있는 데이터를 빠르게 추출하여 유용한 정보를 만들어 낼 수 있었던 기초적 바탕에는 통계와 도수분포표라는 수학 분야가 있다.

도수분포표는 주어진 자료를 몇 개의 구간으로 나누어 각 구간에 해당하는 계급에 속하는 자료의 수를 조사하여 나타낸 표를 말한다.

이것은 자료를 분석하여 표나 그래프로 표현하는 방법으로 인터넷 사이트의 하루 접속자 수, 물품 판매량, 동영상 시청시간, TV 시청률, 성적관리, 일일교통량 등 수많은 정형, 비정형 데이터를 분석하는 데 있어 바탕이 되는 기초 원리다.

도수분포표는 변량, 계급, 계급의 크기를 살펴 데이터를 분석한다. 변량은 자료를 수량으로 나타낸 값으로 변량만으로는 자료를 분석할 수 없다.

| 통학시간(분) | 학생 수(명) |
|---|---|
| 0 이상~10 미만 | 5 |
| 10 이상~20 미만 | 5 |
| 20 이상~30 미만 | 4 |
| 30 이상~40 미만 | 6 |
| 40 이상~50 미만 | 7 |
| 50 이상~60 미만 | 3 |
| 합계 | 30 |

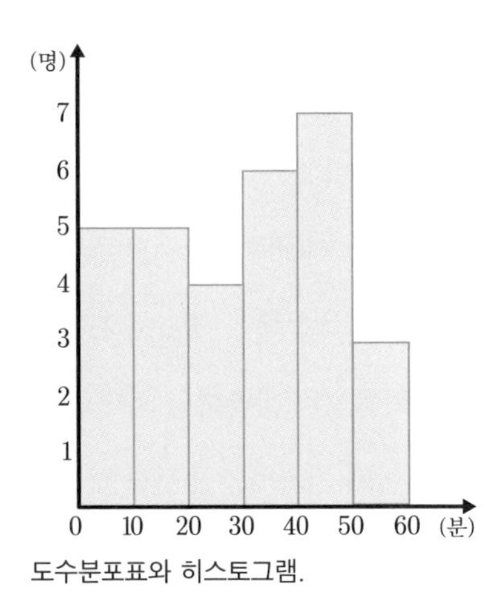

도수분포표와 히스토그램.

그래서 필요한 것이 계급이다. 계급은 변량을 일정한 간격으로 나눈 구간을 말한다. 자료에서 가장 작은 값과 가장 큰 값을 찾은 후 일정한 범위를 정해 계급을 나눈다. 자료의 크기에 맞게 계급의 개수가 정해지면 자료가 중복되지 않도록 계급의 간격이 일정하게 계급의 크기를 정한다.

이렇게 정해진 변량, 계급, 계급의 크기로 만들어진 도수분포표를 기초로 다양한 통계 방식을 적용하여 자료를 분석할 수 있다. 히스토그램은 도수분포표를 분석하여 일목요연하게 파악할 수 있도록 시각화한 것 중 하나이다.

그리고 도수분포표의 원리를 컴퓨터에 적용해 프로그램을 만들면 변량의 수가 엄청나게 많은 데이터도 빠르게 분석해낼 수 있다.

이러한 수학적 기반 아래 다양한 통계분석의 기초가 만들어졌으며, 빅데이터를 분석하는 방법의 하나로 발전할 수 있었다.

현대사회에서의 빅데이터는 커다란 자산이자 무기가 되고 있다. 데이터 경제의 시대가 본격적으로 열리고 있는 것이다.

따라서 데이터에 대한 투자는 국가의 중대한 분야이다. 우리나라 역시 데이터를 4차 산업혁명 시대의 중요한 생산요소이자 핵심자원으로 보고 이 분야에 지속적인 투자를 하고 있다.

글로벌 시장조사기관인 IDC에 따르면 세계 데이터 시장규모는 2018년 1660억달러에서 2022년 2600억달러로 늘어날 전망이라고 한다.

과학기술정보통신부에서는 2019년 10개 빅데이터 플랫폼 간 연계로 이종 분야 간 데이터 결합을 통한 새로운 가치의 데이터 생산을 촉진하고 개방·유통을 확대하고 있다.

대표적인 예로는 금융과 의료 등 경제적 파급효과가 큰 분야와 스마트 시티, 자율자동차 등 미래 산업 분야의 데이터 활용이 있다. 그리고 다양한 분야에 다양한 방법으로 가공해서 판매도 가능하다.

하지만 개인정보보호를 비롯한 문제점들 역시 나타나고 있기 때문에 이에 대한 보완도 함께 이루어지는 것이 필요하다.

이처럼 현대사회는 활발하게 빅데이터를 활용하고 있으며 이는 미래사회로 갈수록 더더욱 그 활용도가 높아질 수밖에 없어 빅데이터 분석 실무 능력이 중요해지고 있다. 그중 빅데이터 분석용 프로그램의 하나인 JMP는 영업, 마케팅, 구매, 인사 총무, 공급망 관리(SCM), 생산 관리, 연구 개발, 생산 기술, 전략 기획 등 기업의 모든 업무에서 필요한 데이터 분석에 활용 가능하다.

이처럼 우리가 살아가고 있는 사회는 통계를 활용한 빅데이터의 시대가 되었다. 이를 통해 우리는 수학의 중요성을 새삼 실감하게 된다.

# 빅데이터가 만들어낸 '올빼미 버스'

서울에는 올빼미 버스가 있다. 올빼미 버스는 2013년 4월, 서울시가 심야 교통 불편을 없애기 위해 만든 심야 전용 버스다. 올빼미 버스의 탄생 뒤에는 숨은 공로자가 있었다. 그것은 바로 '빅데이터' 기술이다.

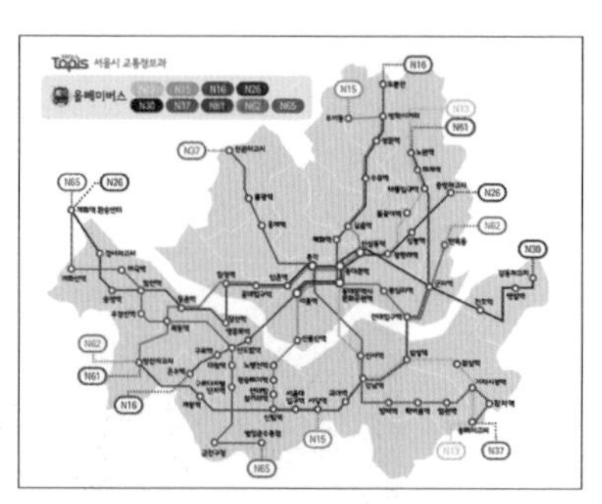

올빼미버스 노선도.

서울시가 올빼미 버스를 만들기로 했을 때, 중요한 요소 중 하나는 정확한 이용자 수 파악이었다. 정확한 이용 수요를 파악하는 것은 심야 버스의 특성상 매우 중요한 일이었다. 이용 고객이 없는 노선을 만들 경우, 경제적 손실뿐만 아니라 무용지물이 될 수 있기 때문이다.

그래서 사용한 것이 빅데이터 기술이었다. 서울시는 자정에서 새벽 5시 사이에 발생하는 핸드폰 통화량 빅데이터를 수집, 분석했다. 30억 건에 다다르는 핸드폰 통화량 빅데이터 분석은 심야 시간에 인구 이동이 집중되는 곳을 찾을 수 있게 해주었다.

심야 시간의 인구 이동과 밀집 지역에 대한 빅데이터는 올빼미 버스의 노선과 배차 간격을 효율적으로 운용하는 데 핵심적인 도움을 주었다.

올빼미 버스는 빅데이터가 우리 생활에 얼마나 유용하게 활용될 수 있는가를 보여주는 좋은 사례로 남았다.

빅데이터가 코로나19의 시대에 어떤 도움을 주고 있는지에 대한 기사도 있다.

아주경제에서 2020년 08월 31일 올라온 기사로 기사 내용을 간략하게 요약하면 다음과 같다.

**빅데이터는 코로나19 대응에 어떻게 도움 줄까**

SK텔레콤은 통계청과 함께 코로나19 발생 후 국민들이 거주하고 있는 지역을 30분 이상 벗어난 경우를 빅데이터로 조사했는데 이 자료는 정부의 코로나19 확산 대응 자료로 활용됐다.

또한 빅데이터 기반 실시간 유동인구 분석 서비스 '지오비전'을 여러 공공기관에 무상 제공해 공공기관이 특정 지역의 방역을 강화하고 핀포인트 순찰을 시행하는 등 코로나19 확산 방지에 활용할 수 있도록 했다.

그리고 2020년 9월 2일까지 빅데이터 유엔 글로벌워킹그룹Big Data UN Global Working Group과 한국 통계청 주관으로 열리는 제6회 빅데이터 국제회의에 참석해 SK텔레콤의 자사인 빅데이터 플랫폼 지오비전Geovision을 활용한 코로나19 대응사례를 발표할 예정이다.

## 코로나19 분석에 이용되는 수학 모델링

코로나19 전파를 막기 위해서 앞에서 소개한 통신사처럼 빅데이터를 활용한 자료를 이용하기도 하지만 수학 모델링도 이용되었다.

건국대학교 수학과 정은옥 교수팀은 코로나19가 우리나라를 덮치자 수학 모델링을 활용한 코로나19 확산 시뮬레이션을 연구했다.

보통 감염병 확산을 예측하기 위해 사용하는 수리 모델은 'SEIR'로, 인구집단을 '감수성군Susceptible(비감염자이지만 감염 가능성이 있는 집단)' '감염 노출군Exposed(잠복기 상태 혹은 타인 전파 가능성이 없는 바이러스 감염군)' '감염 환자군Infectious' '회복 환자군Recovered'으로 나누고 시간의 흐름에 따라 환자 발생을 예측하는 모형이다.

그런데 정은옥 수학 교수 연구팀은 SEIR에 행동변화 감수성군이라는 모수를 더했다. 이는 우리나라가 강조하고 있는, 1. 손 씻기 2. 마스크 쓰기 3. 사람 적게 만나기와 같은 '사회적 거리두기'를 말한다.

그리고 대구 대유행 후 연구팀은 일상의 포기 정도를 숫자로 환산해 수리 모델에 적용했다. 이는 시민들이 일상을 어느 정도나 포기했을 때 코로나19 감염자 하강 그래프를 만들어 낸 것인지를 확인하는 시뮬레이션이었다.

시민들이 일상의 50%만 유지할 때와 20%만 유지할 때 그리고 10%만 유지할 때를 적용하여 가정한 후 마지막에는 2%만을 유지할 때를 입력값으로 넣으니 우리나라의 확진자 수와 비슷한 추이를 보였다. 이를 통해 우리나라 국민이 얼마나 철저하게 일상 대신 신중하게 생활했는지를 수학적으로 확인할 수 있었다.

하지만 확진자가 한 자리 수까지 줄어들면서 국민의 경각심이 줄어들자 일상으로의 복귀가 시작되었다. 그 결과 수학 모델링대로 감염전파율이 높아지고 감염자 수도 늘어났다.

연구팀은 계속해서 일상으로의 복귀에 대한 백분율(%)을 다양화하면서 코로나19 감염률을 예상했다.

그에 따르면 일상으로의 복귀가 높아질수록 감염전파율은 높아지고 사회적 거리두기가 강하게 시행된다면 감염자가 줄어 겨울까지는 큰 사회적 혼란을 예방할 수 있을 것으로 전망되었다.

건국대학교 수학과 정은옥 교수 연구팀의 연구 결과에서 확인할 수 있듯이 수학 모델링은 이와 같은 미래 예측에도 활용이 가능하다.

수학은 그저 학문으로만 존재하는 것이 아니라 이처럼 우리 삶의 다양한 분야와 밀접한 관계를 맺고 있음을 보건 분야에서도 확인할 수 있는 것이다.

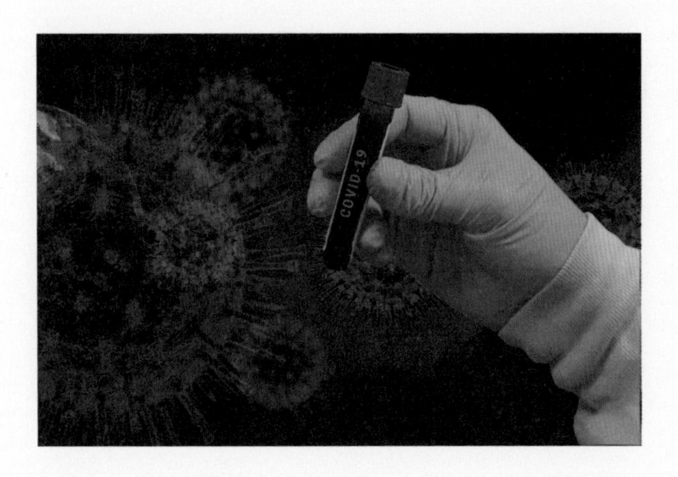

# 불행 중 다행

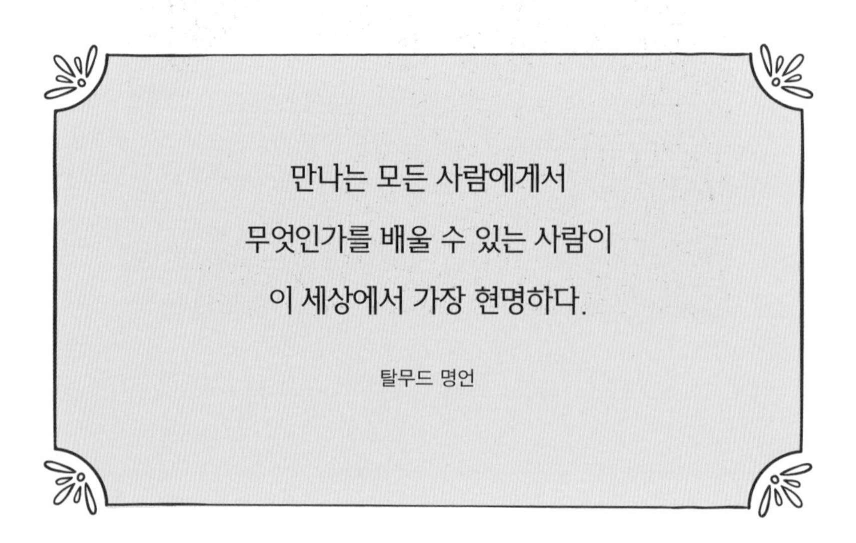

만나는 모든 사람에게서
무엇인가를 배울 수 있는 사람이
이 세상에서 가장 현명하다.

탈무드 명언

# 불행 중 다행

존경받는 랍비 아키바의 이야기다.

어느 날 랍비 아키바가 나귀 한 마리와 개 한 마리를 데리고 여행을 하고 있었다.

밤이 되자 랍비는 작은 헛간을 발견하고 그곳에서 하룻밤을 묵고 가야겠다고 생각했다.

아키바는 잠을 자기에 아직 이른 시간으로 생각하고 등불을 켜고 책을 읽기 시작했다.

그런데 갑자기 바람이 불어 등불이 꺼져버리고 말았다. 아키바는 등불이 꺼져 아쉬웠지만 어쩔 수 없이 잠을 청하기로 했다.

등불이 꺼지자, 어둠을 틈타 나타난 여우가 랍비의 개를 죽여버렸다.

이어 사자가 나타나 나귀도 잡아가 버렸다. 랍비 아키바는 순식간에 모든 재산을 잃고 말았다.

그 다음날, 아키바는 절망에 빠져 자신에게 닥친 불행이 너무 가혹하다고 생각하면서 힘없이 마을로 향했다.

그런데 마을에 도착한 아키바는 이상한 낌새를 느꼈다. 마을에는 단 한 사람도 보이지 않았다. 전날 밤 도적 떼가 마을을 습격하여 물건을 모두 약탈해 가고 마을 사람들을 전부 죽인 것이다.

이 모습을 본 아키바는 큰 깨달음을 얻었다. 아키바가 머물던 헛간은 마을로 향하는 길목에 있었다. 만약, 전날 밤에 등불이 바람에 꺼지지 않았다면, 자신도 도적 떼에게 발견되었을 것이다. 그렇게 되었다면 아키바 또한 마을 사람들처럼 죽임을 당했을 것이다.

등불이 꺼진 덕분에 여우가 개를 죽였다. 개가 죽지 않았다면 도둑 떼의 낌새를 느낀 개가 시끄럽게 짖어대는 소리 때문에 랍비는 도적 떼에게 다시 발각되었을 것이다. 사자가 나귀를 잡아 가지 않았다면, 나귀가 개 짖는 소리에 흥분해서 날뛰었을 것이고 날뛰는 나귀 때문에 도적 떼에게 다시 발각되었을 것이다.

결국 랍비 아키바가 절체절명의 순간에 살아남을 수 있었던 이유는 세 가지의 불행이라고 생각했던 일 덕분이었다.

'전화위복', '새옹지마'라는 말이 있다. 탈무드 '불행 중 다행'은 이 고사성어의 의미를 잘 나타낸다.

우리는 인생을 살면서 생각지도 못한 불행에 직면할 때가 있다. 불행이라고 생각하는 순간, 세상의 모든 나쁜 일이 오로지 나에게만 일어나는 것 같아 절망하곤 한다.

랍비 아키바도 자신에게 닥친 일들에 낙담하고 절망했다. 하지만 그 불행이라고 생각했던 일들이 결국 목숨을 구하는 행운이 되어 돌아오는 것을 경험하게 되자 큰 깨달음을 얻었다. 그것은 희망이다.

유대인들은 희망을 놓지 않는 민족이라고 한다. 어떠한 불행이 닥쳐와도 희망의 끈을 놓아서는 안 된다는 가르침을 수많은 탈무드 이야기를 통해 강조하고 있다.

이러한 희망에 대한 메시지는 오랜 세월 전 세계를 방랑하던 유대인들에게 큰 힘이 되었다.

## 나비효과

탈무드 '불행 중 다행'에서 랍비 아키바가 겪은 사건의 발단은 바람이었다. 우연히 바람이 불었고 그 바람에 의해 등불이 꺼지게 되면서 이야기가 시작된다.

만약 바람이 불지 않았더라면 어땠을까? 바람이 불지 않았다면, 등불은 꺼지지 않았을 것이다. 등불이 꺼지지 않았더라면, 여우는 개를 죽이지 않았을 것이고, 여우가 개를 죽이지 않았더라면, 사자가 나귀를 잡아가지 않았을 것이다. 그랬더라면 랍비 아키바는 도둑 떼에게 죽임을 당했을 것이다.

이것은 마치 도미노와 같다. 아주 작은 사건처럼 보이는 바람의 일렁임이 꼬리에 꼬리를 물고 다음 사건을 연속적으로 일으키는 도미노 말이다.

결국 랍비 아키바의 목숨은 이 날 바람에 달려 있던 거였다. 바람이 부느냐 안 부느냐에 따라 랍비 아키바는 죽을 수도 살 수도 있는 운명이었다.

이처럼 아주 미세하고 작은 사건 하나가 후에 발생하는 일들의 원인이 되어 생각지도 못한 엄청난 결과를 가져올 수 있는 상황을 설명하는 수학 이론이 있다. 바로 '나비효과Butterfly effect'다.

'나비효과'는 1972년, 미국의 수학자이자 기상학자인 에드워드 로렌츠Edward N. Lorenz가 발견해 대중에게 알려졌다.

'브라질에 사는 나비 한 마리의 작은 날갯짓이 미국에 토네이도를 몰고 올 수 있다'는 나비효과는 로렌츠의 기상 예측연구에 대한 결론을 한 문

나비의 날개짓이……

태풍을 불러올 수도 있다.

장으로 축약하여 설명해 놓은 것이다.

탈무드의 '불행 중 다행'은 나비효과의 예를 잘 보여준다. 여기에서는 바람이 나비의 날갯짓이 되어 아키바의 생사를 가르는 작은 변수가 되었다.

1961년 로렌츠는 대기 현상을 예측하기 위한 실험을 했다. 그것은 기온, 기압, 풍속 등 대기 현상에 영향을 줄 수 있는 다양한 변수들의 값을 방정식을 이용해 수학적으로 풀어내는 것이었다. 로렌츠는 이 작업에 컴퓨터를 이용했다. 그는 컴퓨터에 각 변수의 수치를 입력해 결과값을 기초로 기후 변화를 연구하던 중 매우 흥미로운 사실을 발견하게 된다.

로렌츠는 처음에는 컴퓨터 시뮬레이션으로 얻은 정확한 0.506127이라는 초깃값에서 아주 미세해서 중요하지 않다고 판단한 소수점 5번째, 6번째 자리인 0.000027을 생략했다. 효율적인 계산을 위해 취한 방법이었다. 그런데 소수점 5번째, 6번째 자리를 생략하고 다시 입력한 값인 0.5061로 얻은 시뮬레이션 결과값은 예상치 못한 변화를 보여줘 로렌츠는 큰 충격에 빠졌다. 미세한 소수점이지만 소수점을 생략했을 때와 생략하지 않았을 때의 기후 변화 양상이 완전히 달랐기 때문이다.

물리학자들은 우리가 살아가는 물리계 내에서 발생하는 물리적 결과물들은 예측되는 하나의 원인에서 시작한다고 생각했다. 물체의 자유낙하나 자동차의 속도 등 뉴턴 역학으로 설명할 수 있는 것들이다. 공을 던졌을 때, 공의 속도와 궤적, 위치는 공의 방향과 속도를 알면 쉽게 구할 수 있는 것처럼 말이다.

하지만 로렌츠의 나비효과는 아주 작고 미세한 변수 하나가 다음 사건에 영향을 주어 전혀 예상치 못한 완전히 다른 결과를 불러올 수 있다는 것을 보여주었다.

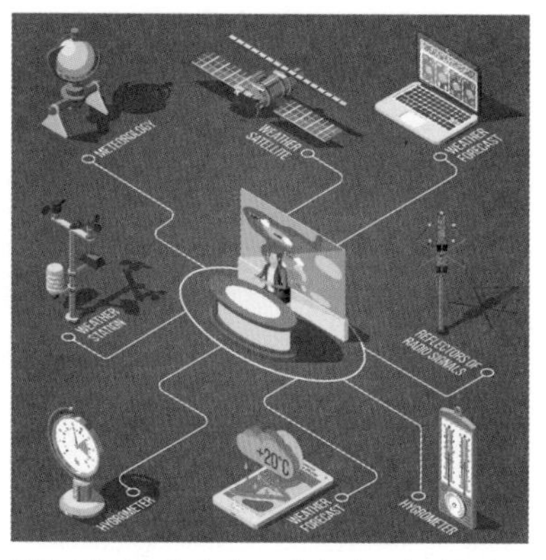

많은 정보를 수집하고 여러 변수가 적용되는 등의 과정을 거쳐 일기예보가 이루어진다.

이것은 과학자들에게 있어, 적지않은 충격이었다. 더이상 이 세계는 예측 가능한 물리적 법칙만으로 설명할 수 없다는 것을 인정해야 할지도 몰랐기 때문이다.

이후, 물리학자들은 날씨 예보나 바람의 방향, 물의 흐름, 태풍의 경로, 지진 등 예측하기 어려운 혼돈 상황의 움직임들에서 이것을 발생시키는 미세한 변수가 되는 질서를 찾아내는 방법에 관심을 가지기 시작했다. 과학자들은 이 혼돈 속에 있는 질서를 '기묘한 끌개strange attractor'라고 불렀다. 이것이 '카오스 이론'이다.

로렌츠가 발견한 나비효과는 카오스 이론을 뒷받침하는 중요한 이론적 배경이 되었으며 카오스 이론 연구의 촉매제가 되었다.

## 카오스 이론

20세기 후기에 개발된 카오스 이론은 수학뿐만 아니라 물리학 지질학 생물학 기상학 등 많은 분야에 영향을 미쳤다.

고전응용수학에서는 질서정연한 주기성을 추정하는데 이는 자연에서는 거의 발생하지 않는다. 때문에 규칙성을 추구하는 수학계에서는 무질서에 대한 이론을 무시했다. 이에 의문을 가지게 된 과학 이론가들은 선형분석에 의문을 가지기 시작했다.

그중 한 명이 미국의 기상학자 에드워드 로렌츠였다. 그는 자신의 기상모형 프로그램에 기록하는 변수들의 초깃값의 작은 변화가 날씨 유형을 변화시킨다는 것을 알게 되었다. 같은 변수값이라고 해도 소수점 몇 자리까지 넣느냐에 따라 날씨 유형이 달라지는 것을 발견한 것이다.

로렌츠는 시스템이 무질서하게 움직이며 위상공간 그래프에 그 결과들을 점으로 나타내면 특유의 이중나선 모양이 된다는 것을 알아냈다. 위

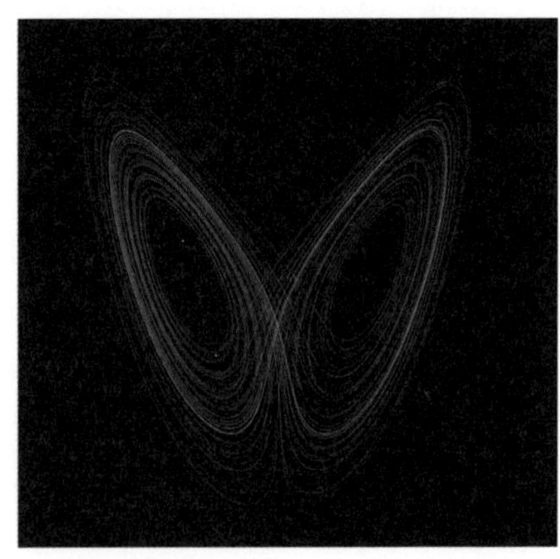
로렌츠의 끌개 이미지.

상공간에서는 중력에 해당하는 것을 끌개라고 하는데 이 모양이 나비의 날개와 비슷해서 로렌츠의 끌개로 불리게 되었다.

앞쪽의 이미지는 2차원 위상공간상에서 나타난 로렌츠의 끌개 모습이다.

무질서한 단순한 수학적 체계가 불러오는 변화에 대한 발견은 카오스 이론이라는 새로운 수학 이론이 되었다.

그리고 과학자들은 카오스 이론을 이용해 불규칙적이고 예측이 어려운 동역학계의 구조를 연구해나갔다.

그런데 수학에서 카오스는 무작위나 무질서를 의미하지는 않는다. 수학자들은 많은 혼돈의 시스템에서 규칙적인 패턴이나 순환을 찾아내어 위상공간 그래프를 사용해 시각화하기도 한다.

혼돈의 시스템은 기이하거나 이상하거나 무질서한 끌개를 가지고 있으며 시스템의 상태를 정밀 예측하거나 정확하게 반복할 수 없고 서로 다른 평형 상태 사이를 오가거나 순환하려는 경향을 보여준다.

카오스 이론은 획기적인 성능을 가진 컴퓨터들이 등장하면서 여러 변수를 포함하는 복잡한 카오스 방정식 연구를 비롯해 다양한 연구가 가능해지면서 현재 과학과 수학의 여러 분야에서 응용하여 발전하는 수학 이론 중 하나이다.

## 우리는 예측가능한 세상에 살고 있는가

어쩌면 우리는 예측 가능한 명확하고 단순한 세상에서 살고 싶은지도 모른다. 만약 그런 세상이 있다면, 대부분 사람은 행복의 원인이 되는 행동만 하게 될 것이다. 그 세상은 한 치의 오차도 없이 하나의 원인에 예측 가능한 하나의 결과만 존재할 것이기 때문이다.

하지만 우리가 경험하는 세상은 오히려 정반대다. '나비효과'에 가깝다. 우리가 얼마나 예측 불가능한 혼돈 속에 살고 있는지 한 번쯤은 경험해 봤을 것이다.

어느 날, 아침 출근시간에 교통사고가 났다. 시내버스기사의 졸음 운전이 원인이었다. 사고 전 날, 늦잠을 자는 바람에 지각을 한 대기업 회사원 A씨, 지각을 한 A씨 때문에 회의가 늦어진 팀원들, 늦어진 회의 때문에 결재를 못 받은 회계 담당 B씨, 결재를 못 받아 납품 대금을 제때 지급 받지 못한 하청 업체 사장, 납품 대금을 지급 받지 못해 월급이 늦어진 하청 업체 직원들, 늦어진 월급 때문에 속상해 술을 마신 직원의 동네 고성방가, 직원의 고성방가에 시끄러워 잠을 제대로 못 잔 동네 주민, 그 주민이 잠을 못잔 탓에 다음 날, 버스사고를 낸 버스기사였다면?

우리의 삶은 요지경이다. 자신이 의도한 대로 기획한 대로 모든 일이 다 이루어지고 있던가!

탈무드의 랍비 아키바는 자신의 의지와 상관없는 바람이라는 변수로 목숨을 구했다. 반대로 마을 사람들은 생각지도 못한 죽임을 당했다. 우리는 그 알 수 없는 혼돈 속의 변수를 '팔자'나 '운'이라고 말한다. 과학은 이것을 나비효과, 카오스라고 한다.

나비효과를 거꾸로 생각해보자! 세상의 예측할 수 없는 엄청난 변화는 아주 작고 미세한 변수로부터 시작된다. 폭풍을 일으킬 만한 엄청난 힘이 작은 나비의 날갯짓에서 왔다면 나비의 작은 날갯짓으로 폭풍의 방향을 바꿀 수 있다는 말도 된다. 우리의 작은 마음의 변화가 세상을 바꿀 수도 있다는 것이다. 탈무드는 그 작은 마음의 변화를 '희망'이라고 말하고 있다.

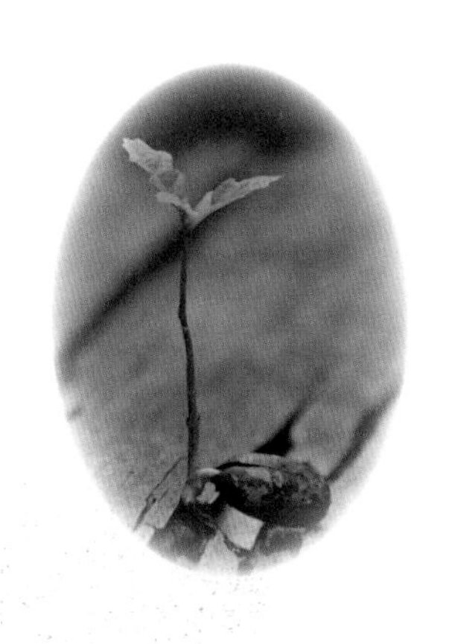

## 영화 속에 담긴 카오스 이론

1993년 스티븐 스필버그 감독의 '쥐라기 공원'을 개봉했다. 고대 호박 화석에 남아 있던 모기에서 공룡의 DNA를 추출해 멸종된 공룡을 되살린다는 기발한 아이디어로 전 세계에 공룡 열풍을 몰고 왔던 영화다.

영화의 인기만큼이나 시선을 끌었던 것은 영화에 나오는 다양한 과학 지식이었다. 특히, 주인공 중 한 명이었던 말콤 박사는 매우 생소한 이론을 이야기하며 쥐라기 공원 개장에 반대하는데, 말콤 박사가 끊임없이 이야기하는 이론이 바로 카오스 이론이다.

카오스 이론은 예측하기 힘들거나 혼돈 상황처럼 보이는 것들에서 질서를 찾아내려는 이론이다.

말콤 박사는 영화 속 내내 쥐라기 공원에 서식하는 공룡들의 불완전성에 관해 이야기한다.

유전자 조작으로 오로지 암컷만 낳도록 프로그램된 공룡들이 완벽하게 통제 가능하다는 해먼드 회장의 말을 믿지 못하는 말

콤 박사는 '자연은 혼돈 속에 존재하기 때문에 생태계의 아주 작은 변수들이 어떤 영향을 줄지 알 수 없다'라며 매우 불안해 한다.

결국 공룡 내 도저히 불가능할 것 같은 수컷이 탄생하게 되고 말콤 박사의 카오스 이론이 맞아떨어지며 영화는 혼돈 그 자체로 몰입감을 준다.

## 인생사 새옹지마

우리는 불행 중 다행이란 탈무드 이야기에서 인생사 새옹지마塞翁之馬라는 속담을 떠올릴 수 있었다.

그렇다면 인생사 새옹지마는 어디에서 기원한 속담일까?

중국 국경 지방에 한 노인이 살고 있었다.

어느 날 노인이 기르던 말이 국경을 넘어 오랑캐 땅으로 도망쳤다. 그러자 마을 사람들은 중요한 재산을 잃어버린 노인을 위로했다.

하지만 노인은 말이 달아났음에도 태연했다.

"혹시 압니까? 이 일이 복이 될지?"

그로부터 몇 달이 지난 어느 날, 도망쳤던 말이 암말을 데리고 돌아왔다.

말이 두 마리가 된 것이다. 이 모습을 보고 주민들은 노인의 행운을 축하했다.

"정말 어르신 말씀대로 복이 되었네요."

그런데 노인은 크게 기뻐하는 대신 말했다.

"혹시 압니까? 이 일이 화가 될지."

며칠 후 노인의 아들이 그 말을 타다가 낙마하여 그만 다리를 크게 다치고 말았다.

이번에도 마을 사람들은 노인을 위로했다.

"아드님이 많이 다쳐서 근심이 크시죠."

여전히 노인은 낙담하는 대신 말했다.

"이게 복이 될지도 모르는 일이지요."

그로부터 얼마 되지 않아 북방 오랑캐가 침략해 나라에서는 모든 젊은이들을 징집했다.

하지만 다리를 다쳐 걸을 수 없었던 노인의 아들은 전쟁에 나가지 않아도 되었다.

이 이야기에서 알 수 있듯이 당장은 좋은 일이거나 나쁜 일로 보일지라도 나중에 그것이 나쁜 일이 되기도 하고 좋은 일이 되기도 하는 것이 인생임을 알려주는 속담이다.

# 장기 말을 훔친 베나야

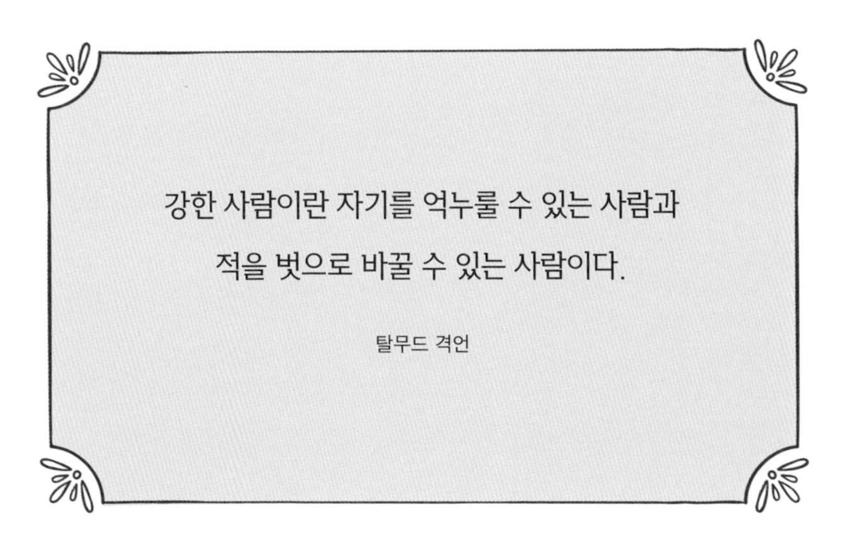

강한 사람이란 자기를 억누룰 수 있는 사람과
적을 벗으로 바꿀 수 있는 사람이다.

탈무드 격언

# 장기 말을 훔친 베나야

솔로몬 왕은 시간이 날 때마다 장기 두는 것을 좋아했다. 지혜롭고 똑똑한 솔로몬 왕은 아주 뛰어난 장기 실력으로 지는 법이 없었다.

어느 날 솔로몬 왕이 그의 고문인 베나야와 장기를 두고 있었다. 서로 주거니 받거니 장기를 두던 중 베나야의 차례가 돌아왔다.

그런데 이번만은 베나야에게 좋은 수가 떠오르지 않았다. 그때 마침 성 밖에서 싸우는 소리가 들렸다. 싸우는 소리가 점점 커지자 솔로몬 왕은 호기심이 생겨 창가로 가서 밖을 구경했다.

솔로몬 왕이 한눈을 파는 사이 베나야는 얼른 장기 말 하나를 몰래 감추었다.

구경을 마친 솔로몬 왕은 다시 자리로 돌아와 장기시합을 이어갔다. 그때까지도 솔로몬 왕은 베나야가 장기 말을 감춘 사실을 전혀 모르고 있었다.

시간이 흐르자 솔로몬 왕은 점점 불리해지면서 결국 장기시합에 지고 말았다.

솔로몬 왕은 자신의 패배를 인정할 수 없었다. 한 번도 장기시합에서 패한 적이 없었기에 너무나 화가 나서 어쩔 줄을 몰랐다.

그로부터 한참이 지난 후에도 솔로몬 왕은 자신의 패인이 무엇인지 궁금했다. 그래서 베나야와 두었던 장기시합을 다시 복기해 보게 되었다. 그러다 장기 말 하나가 빠져 있었다는 것을 깨달았다. 솔로몬 왕은 자신이 잠시 한눈을 판 사이 베나야가 장기 말을 숨겼다는 것을 알게 된 것이다.

이와 같은 사실에 처음에는 화가 났지만 좀 더 곰곰히 생각해 보던 솔로몬 왕은 베나야를 직접 혼내지 않고 스스로 반성하도록 해야겠다고 결론을 내렸다.

솔로몬 왕은 자신이 알게 된 일에 대해 아무 내색도 하지 않은 채 며칠을 보냈다. 그러다 어느날 창밖에서 험상궂은 얼굴로 자루를 메고 가는 두 남자를 발견했다. 수상쩍은 행동으로 보아 도둑이 틀림없었다.

도둑을 발견한 솔로몬 왕은 바로 방으로 들어가 낡은 옷으로 갈아입은 뒤 두 도둑을 따라가 불렀다. 그는 두 도둑에게 아주 좋은 제안을 하겠다면서 다음과 같이 말했다.

"나도 한때는 잘나가는 도둑이었다오! 자, 여기 왕이 사는 방 열쇠가 있소. 혼자서는 용기가 나질 않아 실행을 못 했었는데 당신들을 보니 용기가 나는구려! 내가 궁전의 구조를 잘 알고 있으니 나와 같이 가서 궁전의 보물을 가져옵시다!"

두 도둑은 그럴듯한 계획이라는 생각이 들어 흔쾌히 허락했다.

솔로몬 왕과 두 도둑은 주변이 고요해질 때까지 기다려 예루살렘 성으로 들어갔다.

솔로몬 왕의 안내로 궁전으로 들어간 두 도둑은 금은보화가 가득한 방을 보자 눈이 휘둥그레졌다.

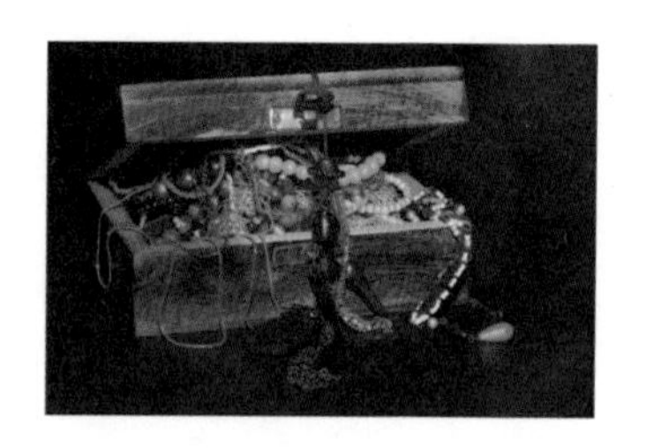

두 도둑이 보물에 정신이 팔려 있자 솔로몬 왕은 조용히 방 밖으로 나와 문을 걸어 잠가버렸다. 그러고는 호위병들에게 이렇게 소리쳤다.

"내 방에 도둑이 들었다! 어서 가서 도망 못 가게 가둬 두어라!"

이렇게 잡힌 두 도둑은 이튿날 많은 사람이 모인 가운데 재판을 열게 되었다. 그 안에는 고문인 베나야도 있었다.

"여러분 이곳에는 왕의 물건을 훔친 도둑이 있소! 이 사람을 재판하고 싶은데 어떻게 생각하시오?"

이 소리를 들은 베나야는 솔로몬 왕이 자신에게 하는 말로 들려 심장이 "쿵" 하며 멎는 것만 같았다. 이 재판도 자신을 판결하려고 솔로몬 왕이 사람들을 불러 모은 것이라고 생각이 들었다. 이에 놀란 베나야는 솔로몬 왕 앞에 무릎을 꿇고 말했다.

"대왕마마! 용서해 주십시요! 제가 대왕님께서 창가에 가셨을 때 장기 말 한 개를 숨겼습니다! 죽을죄를 지었습니다!"

벌벌 떠는 베나야의 모습을 본 솔로몬 왕은 껄껄 웃으며 말했다.

"나는 단지 내 보물을 훔친 이 두 도둑을 벌하려 했던 것이오! 장기 말은 잊은 지 오래됐소!"

솔로몬 왕은 지혜로 서로 마음 상하지 않고 베나야 스스로 죄를 뉘우치게 한 것이다.

솔로몬 왕(내셔널 갤러리 소장).

신하의 부끄러움을 바로 따져 묻지 않고 스스로 뉘우치게 만든 솔로몬 왕의 지혜는 후대의 귀감이 될 만한 일이다. 유대인들에게 지혜의 상징이자 현명한 왕으로 알려진 솔로몬 왕은 그의 아버지 다윗 왕과 함께 이스라엘 역사상 가장 빛나는 최고의 시대를 이끌었다.

명석한 두뇌의 소유자였던 솔로몬 왕 또한, 게임을 좋아했던 모양이다. 장기시합의 절대 강자의 자리를 놓치고 싶지 않았던 솔로몬 왕은 엄청난 승부사의 모습을 보여준다. 이에 지고 싶지 않았던 베나야 또한 솔로몬 왕과의 대결에 매우 진지한 태도로 임한다.

그러나 베나야는 자신이 솔로몬 왕을 이길 수 없다는 사실을 금방 눈치채게 된다. 베나야는 솔로몬 왕을 이기기 위해 자신이 할 수 있는 제일 나은 방법이라고 생각한 전략을 구사했다. 아쉽게도 장기 말을 숨기는 비겁한 방법이었지만, 게임에 과몰입하다 보면 무리수를 쓰게 되는 경우가 생긴다. 모든 게임에는 승자와 패자가 결정되고, 게임에 임하는 사람은 절대 패자가 되고 싶지 않은 욕망에 사로잡히기 때문이다.

게임에서 패자가 되지 않으려면, 어떤 방법과 전략을 구사해야 할까? 지피지기면 백전백승이라고 했다. 가장 좋은 전략은 상대방의 상태를 정확하게 파악하는 것으로부터 시작한다. 그래야 쓸데없는 에너지를 낭비하지 않고 효율적으로 승리할 수 있기 때문이다.

베나야는 솔로몬 왕의 장기 실력을 잘 알고 있었다. 도저히 자신의 실력으로는 어떻게 해도 이길 수 없다는 것을 누구보다 잘 알고 있었던 베나야에게 장기 말을 숨기는 전략은 비겁하지만, 선택지가 없는 유일한 방법이었을지도 모른다. 그러나 이 작전은 완전히 실패했다.

반면 베나야를 잘 알고 있던 솔로몬 왕은 베나야의 두려움과 양심의 가책을 끌어내어 스스로 자신이 패자임을 인정하도록 계획을 세웠다. 심리

전을 펼친 것이다. 그런 면에서 솔로몬 왕의 전략은 완전히 성공했다. 자신의 위엄을 들어내면서도 상대방이 스스로 잘못을 인정하게 만든 것은 매우 현명한 전략이었다. 솔로몬 왕은 정확하게 베나야의 심리를 꿰뚫어 보았고, 그것을 자신에게 유리하도록 이용했다.

## 게임이론

탈무드는 베나야와 솔로몬 왕을 통해 진정으로 상대방에게 승리하는 방법이 무엇인지를 말해주고 있다. 베나야와 솔로몬 왕처럼 경쟁 상태에 있는 상대방의 행위에 따라 내가 어떻게 반응할 것인지 정확히 파악해 자신이 취할 수 있는 최선의 행동이 무엇인지를 선택하는 과정을 수학적으로 연구하는 것을 '게임이론'이라고 한다.

장기도 일종의 게임이다. 베나야와 솔로몬 왕은 상대방의 수를 읽으며 전략을 짠다. 이것을 게임이론에서는 상호작용이라고 한다. 이것은 혼자 두는 장기와는 다른 양상을 보인다. 베나야의 장기 말 위치에 따라 솔로몬 왕의 장기 말 위치가 결정된다. 이것은 베나야도 마찬가지다. 이렇게 상대방의 행위가 나의 의사결정에 영향을 미치는 것이 마치 게임을 하는 것과 같다고 해서 '게임이론'이라는 이름이 붙었다.

게임이론은 1944년 수학자 폰 노이만John Von Neumann과 경제학자인 모르겐슈테른Oskar Morgenstern의 공저 《게임이론과 경제행동The Theory of Games and Economic Behavior》에서 처음으로 등장했다.

이후 게임이론은 미국의 수학자 존 내시John Nash에 의해 '내시 균형'이라는 개념으로 발전하였고, 이론의 기틀을 마련하게 된다. 존 내시는 '게임이론'으로 1994년 노벨경제학상을 수상했다.

'내시 균형'이란, 상대방의 전략이 무엇인지 예상할 수 있을 때, 자신의 이익을 극대화할 수 있는 최고의 선택을 함으로써 서로의 결정에 균형이 이루어지는 상태를 말한다. 이때 두 경쟁자는 상대방이 전략을 바꾸지 않는 한 자신의 선택을 바꾸지 않게 된다.

'내시 균형'을 아주 적절하게 설명한 사례 중 하나로 '죄수의 딜레마'가 있다. '죄수의 딜레마'에는 두 명의 죄수가 등장한다.

어느 날 경찰서에 잡혀 온 공범 '나얍쌉'과 '왕얌체'가 있었다.

이 둘에게는 심증은 있으나 물증이 없었다. 고민에 빠진 검사는 이 둘을 각각 다른 방에 가둬 두고 조사를 시작한다.

검사의 조건은 이랬다. 순순히 둘 다 범행을 자백하면 징역 2년, 한 사람만 자백하고 상대방이 묵비권을 행사한 경우에는 자백한 사람만 석방하고 상대방은 징역 30년이었다. 만약 둘 다 묵비권을 행사한다면 징역 1년을 구형하겠다고 했다. 만약, 내가 나얍쌉과 왕얌체였다면, 어떤 선택을 해야 최선일까?

이때부터 나얍쌉과 왕얌체의 두뇌 싸움이 시작된다. 게임이 시작된 것이다. 이런 상황을 수치화한 것이 게임이론이다.

나얍쌉과 왕얌체가 선택할 수 있는 선택지는 다음과 같다.

여기서 가장 나쁜 30년형은 5로 바꾸고 가장 좋은 경우인 '석방'을 1로 바꿔 계산한다. (1=석방, 2=1년, 3=2년, 5=30년)

| | 나얍쌉 | |
|---|---|---|
| 왕얌체 | 자백 | 묵비권 |
| 자백 | (3, 3) | (1, 5) |
| 묵비권 | (5, 1) | (2, 2) |

이와 같이 두 사람의 선택으로 결정되는 이익(보수)이 어떻게 달라지는

가를 나타내는 행렬을 보수행렬payoff matrix이라고 하다. 게임이론은 보수행렬을 이용해 수치화하여 계산한다.

사실 검사의 제안은 대단히 어려운 수학 문제가 아니었다. 조금만 생각해보면 우리는 금방 나얍쌉과 왕얌체가 절대 묵비권을 행사하지 않을 거라는 결론에 도달할 수 있다.

이것은 수학 문제가 아닌, 신뢰와 협동의 문제이기 때문이다. 둘은 물리적으로도 협동과 신뢰를 쌓을 수 없는 장소에 감금되어 있다. 서로를 볼 수 없는 상황에서 협동심과 신뢰감은 더욱 얕아질 것이다. 서로 떨어져 있어도 배신하지 않을 거라는 강한 믿음을 갖고 있다면 상황은 달라질 수도 있겠지만 이 이야기는 어디까지 이론을 설명하기 위한 가정과 전제이다.

## 나는 네가 알고 있는 것을 알고 있다는 것을 너도 알고 있다는 것을 알고 있다

가정해보자. 나얍쌉과 왕얌체는 서로를 의심하기 시작한다. 아무리 끝까지 배신하지 않고 버틴다고 해도 상대방이 자백해 버린다면 자신은 30년형을 받게 될 것이다. 이 사실은 나얍쌉도 왕얌체도 알고 있는 사실이다. 서로의 전략을 이미 알고 있는 상황이 된 것이다.

지금 이 감옥 안에서는, 나얍쌉이 이런 생각을 하고 있다는 것을 왕얌체가 알고 있으며 왕얌체가 알고 있는 것을 나얍쌉도 아는 재미있는 상황이 펼쳐지고 있다.

이런 상황에서 이 둘이 선택할 수 있는 선택지는 너무나도 분명하다. 그것은 자백하는 것이다. 자백한다면, 최소 2년형! 운이 좋으면 석방까지 기대해볼 수 있기 때문이다.

이것은 복잡한 행렬계산을 하지 않더라도 바로 나올 수 있는 답이었다. 물론, 서로의 믿음과 신뢰를 이미 져버렸다는 전제하에 말이다.

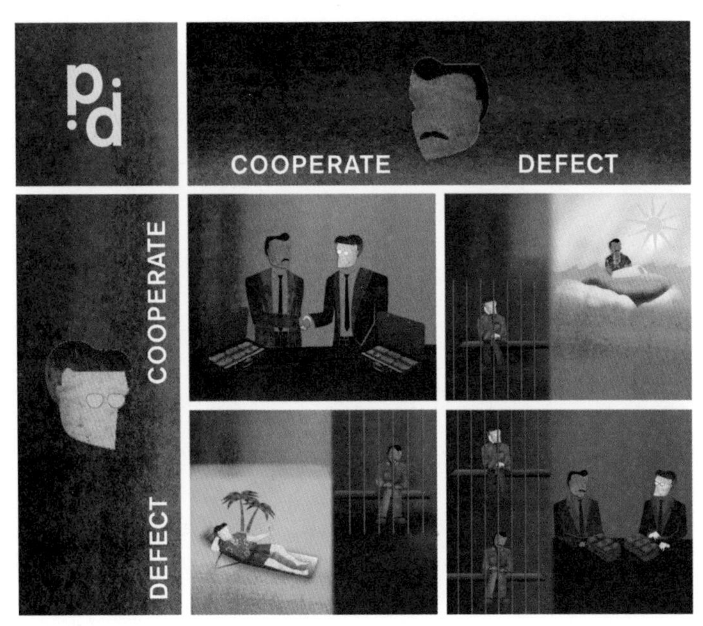


죄수의 딜레마.

그래서 나얍쌉과 왕얌체는 모두 자백을 했다. 그리고 2년 형을 선고받았다.

그런데 여기에는 아주 모순적인 상황이 있다. 그것은 왜 두 사람 모두 최고의 선택인 묵비권 행사를 고집하지 않고 차선책인 자백을 선택했을까?

바로 이 지점이 존 내시가 말한 균형이 이루어진 상태가 된 것이다.

나얍쌉과 왕얌체가 자신들에게 최고의 선택인 '묵비권 행사'를 하지 않고 차선책을 선택한 데는 상대방을 믿을 수 없다는 불안과 그 불안을 상대방도 안다는 것을 잘 알고 있었다.

다시 말해 상대방의 전략을 잘 알고 있었다는 이야기다. 이 상황에서 나얍쌉이 마음을 바꿔 끝까지 묵비권 행사를 하는 전략을 고수했다면 왕얌체의 전략인 묵비권 행사를 끌어냈을지도 모른다.

하지만 나얍쌉의 전략이 바뀌지 않으리라는 것을 잘 알고 있는 이상, 왕얌체의 선택에도 변화가 없을 것이다. 그래서 이 둘은 자신들에게 최선인 '묵비권 행사'를 과감히 포기하고 실행 가능한 차선책인 '자백'을 선택한 것이다. 비록 1년이라는 손해를 감수해야겠지만, 불확실한 선택보다 보장받을 수 있는 선택을 함으로써 이익의 균형을 이루는 것을 '내시 균형'이라고 한다.

## 삶은 게임?

수학 이론에서 시작한 게임이론은 경제학 이론으로 발전하고 현재는 정치, 외교, 사회학, 생물학, IT 등 수많은 분야에 적용되고있다.

게임이론이 흥미로운 점은 수학에서 출발했다는 것이다. '만물은 수이다.'라고 했던 피타고라스의 말처럼 우리 삶의 대부분이 수학으로 수치화 할 수 있는 게임과 같다는 것이다.

선남선녀의 미팅, 마트의 상품 구입, 교통질서 지키기, 상품 광고, 육아와 교육, 기업 면접, 투자와 부동산, 주식, 심지어는 우유의 제조 일자에

현대사회에서 게임이론은 수학뿐만 아니라 사회, 경제, 문화 등 다방면에서 활용하고 있다.

까지도, 소소한 일상처럼 보이는 우리 주변의 작은 일들에 게임이론이 적용되어 있기 때문이다. 조금 비약하자면, 우리 삶은 게임이론 안에 있다고 해도 과언이 아니다.

그런데도 사람의 일은 게임으로만 설명할 수 없는 그 무엇이 있다. 만약 나얍쌉이 혼자 자백을 하고 방면된 후, 끝까지 묵비권을 행사했던 왕얌체의 일을 알고 죄책감을 느꼈다면? 왕얌체는 자신을 배신한 나얍쌉을 증오하지 않고 너그러운 마음으로 용서하고 새 삶을 살았다면? 과연 진정한 승자는 누구라고 말할 수 있을까?

더 알아보기

# 치킨게임

제임스 딘의 초상화.

차 두 대가 절벽을 향해 달려간다. 한 치도 양보하지 않겠다는 각오로 돌진하는 두 사람! 결국, 차 한 대는 절벽에서 떨어지고 차에 탄 사람은 죽음을 맞이한다.

1955년 개봉된 '이유 없는 반항'의 한 장면이다. 방황하는 젊은이들의 애환을 그린 영화로 주인공인 '제임스 딘'을 만인의 연인으로 만든 출세작 중 하나다.

이 영화의 절벽 경주 장면은 타협 없는 경쟁의 상징처럼 회자한다. 이것을 게임이론에서는 '치킨게임'이라고 한다. '치킨'은 영어로 '겁쟁이'라는 뜻이 있다. 경쟁에서 진 사람을 조롱하는 말이다.

치킨게임에서 타협하고 차에서 뛰어내릴지, 아니면 죽음을 맞이할 것인지를 선택하는 쪽은 철저하게 상대방에게 달렸다. 내가 타협을 하거나 포기하면 상대방은 승자가 되고, 내가 승리하려면, 끝까지 차의 핸들을 돌려서는 안 되는 극단의 길을 가야 되기 때문이다.

이 게임에서 승자가 되길 원한다면 배수진을 쳐야 한다. 상대방에게 나는 절대로 자동차의 핸들을 꺾지 않겠다는 강력한 신호를 주어야 한다.

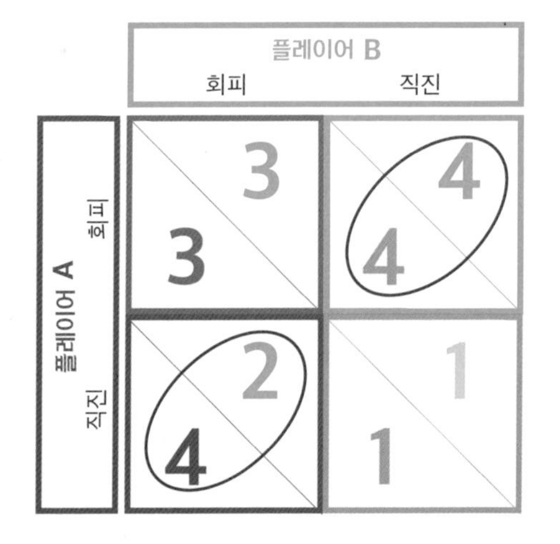


이 신호는 상대방에게 선택하라는 말과 같다.

'나는 핸들을 죽어도

꺾지 않을 테니, 이쯤에서 나와 협상을 하던가, 아니면 죽음을 선택하라.'

1950년대 미국의 젊은이들 사이에서 유행한 게임에서 유래한 치킨chicken 게임은 미국과 소련의 핵무기 감축 협상을 설명할 때도 이용되었으며, 손해를 감수하면서도 시장점유율 선점 경쟁을 벌이는 기업 간의 전략에도 사용되었다. 그중에서도 과거 소련과 미국의 군비경쟁이 바로 '치킨게임'의 전형적인 사례다.

생물학 버전의 치킨게임도 있다. 생물학자들이 매와 비둘기가 영역 다툼을 벌이며 경쟁과 타협 중 선택하게 되는 것을 말하기 위해 만든 용어인 '매와 비둘기 게임'이 바로 그것이다.

하지만 치킨게임의 승자가 되기 위해서는 자신 또한 모든 것을 걸어야 한다. 이 무서운 게임에서 모두 살아남는 방법은 '타협의 기술'을 익히는 것이다.

## 제로섬 게임

수학의 한 분야로 연구된 게임이론은 수학자들의 연구가 더해져 다양한 이론들로 발전했다. 그중 하나인 치킨게임이 서로 양보 없이 대립하다가 극한으로 가는 상태를 말한다면, 게임에 참여해 승자가 얻은 이득과 패자가 잃은 손실의 총합이 0[zero]이 되는 제로섬 게임도 있다.

만약 내가 100을 얻으면 상대는 100을 잃고, 상대가 100을 얻으면 내가 100을 잃게 되는 게임이다. 이는 내가 이익을 낸 만큼 상대는 잃고, 상대가 이익을 낸 만큼 내가 잃는 승자독식의 게임이다. 따라서 제로섬 게임은 이익을 얻지 못하면 그만큼 내가 가진 것을 잃어야 하기 때문에 치열한 대립과 경쟁을 불러일으킨다.

수학의 게임이론에서 발전한 제로섬 게임 역시 수학의 한 분야로 남은 것이 아니라 경쟁이 갈수록 치열해지는 현대사회에서 사회, 경제, 문화, 정치 등 우리 생활 곳곳에서 활용되고 있다.

대표적인 예로는 모든 도박에 제로섬 게임이 적용되며 스포츠나 선거, 선물거래나 옵션거래 등과 같은 파생상품과 주식도 이에 해당된다.

제로섬 게임은 수학 이론인 게임이론에서 시작했지만 우리 사회 전반에서 활용되고 있다.

하지만 양측 경쟁자의 이익과 손실의 합계가 언제나 0이 되는 것은 아니다. 이런 경우를 논제로섬 게임non-zero-sum game이라 한다.

또한 완전한 이익 대신 서로 협력해 일부의 이익이라도 받기를 원하는 게임 참가자들 사이에서 서로 협력하는 상황도 일어날 수 있는데 이를 포지티브섬 게임positive-sum game이라고 한다. 현재 포지티브섬 게임은 게임이론의 개념으로 받아들여진 것은 아니다.

# 구름 속 여행, 바다 밑 여행

앞서가는 방법의 비밀은 시작하는 것이다.
시작하는 방법의 비밀은 복잡하고 과중한 작업을
할 수 있는 작은 업무로 나누어
그 첫 번째 업무부터 시작하는 것이다.

-마크 트웨인

# 구름 속 여행, 바다 밑 여행

평소에 호기심이 많고 모험을 좋아하는 알렉산더 대왕은 어느 날, 강하고 힘센 독수리 4마리를 잡아 오라고 신하들에게 명령했다.

명령을 받은 신하들이 독수리를 잡아 오자 알렉산더 대왕은 독수리에게 먹이를 주지 말라고 했다.

독수리가 굶은 지 사흘째 되는 날, 알렉산더 대왕은 큰 널빤지 위에 날고기를 매단 장대를 세운 뒤 그 널빤지를 독수리 다리에 각각 매달아 그 위에 올라탔다.

사흘을 굶은 독수리들은 날고기를 보자 미친 듯이 날개를 펴

덕거리며 달려들었다. 네 마리의 독수리가 계속 날갯짓을 하자 널빤지가 공중으로 떠오르기 시작했다. 알렉산더 대왕은 장대에 매달린 날고기를 위로 향하게 치켜들었다.

그러자 독수리의 힘으로 공중으로 떠오른 널빤지는 구름 위까지 올라가게 되었다.

구름 위로 올라간 알렉산더 대왕은 멋진 하늘 위를 구경하며 매우 즐거워했다. 그런데 높이 오를수록 바람이 너무 거세어 견디기 힘들었다.

그래서 고기를 매달았던 장대를 널빤지 아래쪽으로 옮겨 매달았다. 그러자 이번에는 독수리들이 날고기를 먹기 위해 방향을 바꿔 아래쪽으로 날기 시작했다.

이와 같은 방법으로 알렉산더 대왕은 하늘 여행을 무사히 끝내고 돌아올 수 있었다.

이후 알렉산더 대왕은 하늘에서 내려오자 신하들에게 다음과 같이 말했다.

"내가 하늘에 떠 있을 때, 우주를 보았소. 우리가 사는 땅은 큰 바다 위에 떠 있는 산처럼 보였다오."

하늘 여행이 끝나자 알렉산더 대왕은 바다 밑이 궁금해졌다. 그래서 신하들에게 다시 명령했다.

알렉산더 대왕과 독수리.

"이번에는 바다 밑을 여행하고 싶으니 속이 텅 비고 엄청나게 큰 유리 공을 만들어 주시오!"

신하들은 알렉산더 대왕의 명령으로 유리 공을 만들었다.

유리 공이 완성되자, 알렉산더 대왕은 빛나는 돌과 살아 있는 수탉 한 마리와 함께 유리 공 안으로 들어갔다. 그는 공 안에 들어가기 전 이렇게 말했다.

"내가 바닷속으로 들어가면 6개월 정도 있을 예정이오. 만약 1년이 지나도 물속에서 나오지 않으면 집으로 돌아가도 좋소!"

알렉산더 대왕의 신하들은 유리 공을 바닷속으로 집어넣었다.

유리 공에 들어가 바다 밑에 도착한 알렉산더는 바닷속 여기저기를 신나게 구경했다.

신기한 바다 동물과 식물들을 넋을 놓고 구경하다가 보니 3개월이 지나갔다.

처음 바닷속이 신기했던 알렉산더 대왕도 3개월이 지나자 점점 지루해지기 시작했다. 그래서 바닷속에서 나가야겠다는 생각이 들자 가져온 수탉을 죽여 그 피를 바다에 퍼지도록 했다.

바닷물이 붉게 물들자 신하들은 왕의 신호라 생각하고 바로 유리 공을 끌어냈다. 이번에도 알렉산더 대왕은 바다 밑을 즐겁게 여행하고 돌아올 수 있었다.

시대를 막론하고 인간의 호기심은 창조와 발전을 불러왔다. 탈무드에는 호기심 많고 창의력 뛰어난 알렉산더 대왕의 이야기가 담겨 있다. 이 이야기가 어느 정도나 실화를 담고 있는지는 알 수 없다. 하지만 하늘과 바다 밑을 여행하기 위해 제작한 도구는 매우 기발하고 참신하다.

이와 같은 기발함은 아마도 알렉산더 대왕의 스승이었던 아리스토텔레스에게서 나온 것일지 모른다.

그것이 누구의 아이디어였든 간에 중요한 것은, 탈무드가 알렉산더 대왕의 뛰어난 창의력을 소개하고 있다는 것이다.

그 창의력의 시작은 세상에 대한 끊임없는 호기심과 지적 열정이다. 이

호기심과 열정이 광대한 영토를 지배했던 알렉산더 대왕을 만든 원동력이다.

'구름 속 여행, 바다 밑 여행'에서는 하늘을 나는 구체적인 도구 제작법이 등장한다. 마치 이것은 '하늘을 날기 위한 도구 제작방법', '바다 밑 여행을 위한 유리공 잠수함 사용법' 등의 이름으로 인터넷에 떠돌고 있는 알고리즘 순서도를 떠올리게 한다.

만약, 아리스토텔레스가 알렉산더에게 알고리즘과 코딩을 가르쳤다면 알렉산더 대왕은 매우 뛰어난 프로그래머가 되었을지 모른다. 이야기에 등장하는 알렉산더 대왕은 이미 알고리즘과 코딩을 잘 이해하고 있었기 때문이다.

알렉산더를 가르치고 있는 아리스토텔레스.

알렉산더는 자신의 아이디어를 체계적으로 실행할 계획을 짰고, 이것을 신하들의 힘을 이용해 현실화했다. 이것은 고대판 알고리즘과 코딩이다.

알렉산더 대왕의 '하늘을 날기 위한 도구 제작방법'을 알고리즘으로 만들어 보면 다음과 같다.

1 .몸무게 10kg 이상, 날개 길이 80cm 이상의 독수리 4마리를 잡는다.
2. 독수리를 4일간 굶긴다.
3. 가로 1,5m, 세로 90cm 널빤지를 준비한다.
4. 4마리 독수리의 다리 8개와 널빤지의 네 모서리를 연결한다.
5. 널빤지 위에 2미터짜리 장대를 매단다.
6. 장대 끝에 날고기를 매단다.
7. 독수리 머리 위에 날고기가 가도록 위치시킨다.
8. 독수리가 날갯짓을 할 때까지 반복한다.
9. 독수리가 날갯짓을 시작하면 날고기 위치를 다음과 같은 좌표로 이동시킨다.

## 알고리즘

알고리즘은 어떤 일을 수행하기 위한 논리적인 절차나 방법, 명령어의 모음을 말한다. 일종의 계획서 같은 것이다. 건물을 지을 때 설계도가 중요하듯 일을 수행할 때도 일의 순서와 계획은 일의 성공 여부를 좌우하는 중요한 기초작업이다.

알고리즘Algorithm은 9세기 페르시아의 수학자이며 천문학자였던 알 콰리즈미Al-Khwarizmī의 이름에서 유래했다고 한다. 알 콰리즈미는 그의 저서 《인도 수학의 계산법》을 통해 0을 이용한 위치 기수법과 사칙연산을 소개했다.

알 콰리즈미.

알고리즘이라는 단어가 대중에게 알려진 것은 컴퓨터 프로그래밍에 의해서지만, 사실 알고리즘의 역사는 컴퓨터가 발명되기 수 백년전으로 올라간다.

알고리즘은 대표적으로 수학에 이용한다. 알고리즘을 최초로 수학에 이용한 사람은 그리스의 수학자 유클리드였다.

유클리드의 호제법이라 불리는 유클리드 알고리즘은 2개의 자연수 또는  다항식의 최대공약수를 구하는 알고리즘 중 하나다.

이밖에도 알고리즘은 언어학, 음악, 사회학, 과학 등 다양한 분야에서 이용한다.

알고리즘을 표현하는 방법으로는 자연어natural language(인간의 언어), 순서도flow language, 의사코드pseudo code, 프로그래밍 언어programming language가 있다.

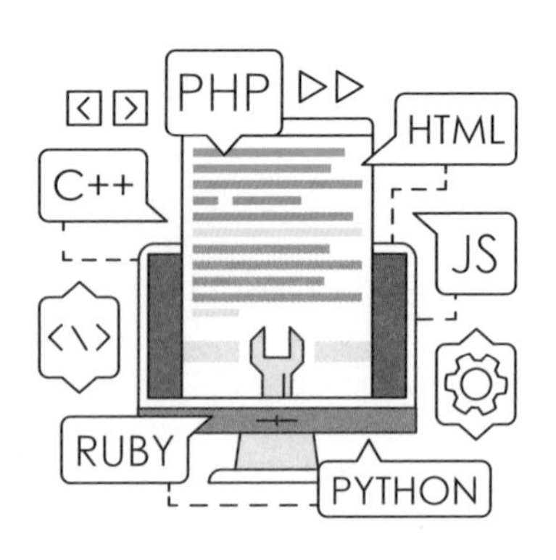

프로그래밍 언어의 예.

이 중 컴퓨터 알고리즘은 의사코드나 프로그래밍 언어를 통해 표현되는 데, 가장 정확하고 정교하게 짜인 알고리즘이라 할 수 있다. 컴퓨터의 알고리즘은 일반적으로 반복 실행되는 문제를 계산하기 위해 만들어진다. 유튜브의 검색엔진이나 알파고의 딥러닝은 좀 더 진화한 형태의 매우 복잡한 알고리즘이다.

알고리즘의 조건은 다음 5가지로 요약할 수 있다.

1. 알고리즘의 명령어는 명확해야 한다.
2. 알고리즘은 일정한 시간 내에 해결할 수 있는 효율성이 있어야 한다. 명령어가 명확하지 않거나 이해하기 어렵다면 주어진 시간 내에 문제를 해결할 수 없기 때문이다.
3. 외부 자료입력이 필요할 때 입력이 가능해야 한다.

4. 출력이다. 적어도 한 가지 이상의 결과가 도출되어야 한다.
5. 유한성이다. 알고리즘의 명령어대로 유한 번의 반복 처리 후 종료한다.

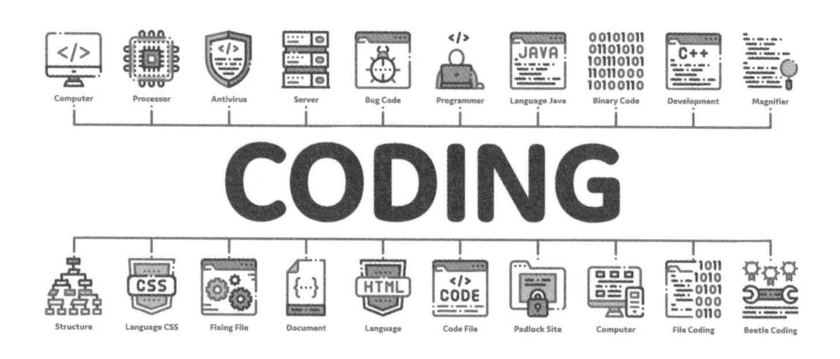


코딩에서도 알고리즘을 찾아볼 수 있다.

## 인생의 알고리즘

우리의 삶이 컴퓨터의 알고리즘처럼 한 치의 오차도 없이 흘러간다면 얼마나 좋을까? 하지만 사람의 뇌는 매일 실수를 저지르고 또다시 배우기를 반복한다. 알파고처럼 잘못 짜인 알고리즘을 과감히 폐기 처분할 수 있다면 좋겠지만 인간의 뇌는 늘 후회하면서도 같은 실수의 알고리즘으로 같은 계산에서 벗어나지 못한다. 이것이 알파고와 인간의 뇌에 심어진 알고리즘의 차이다.

사람은 실수를 통해 배운다는 말이 있다. 하지만 가끔 이 말에 소심한 반항을 하고 싶어진다. 정말 실수를 통해 배우는 게 맞을까? 실수를 통해 배운다면, 나의 뇌는 왜 똑같은 실수의 알고리즘을 반복하고 있는 것일까?

어쩌면 우리 뇌는 실수가 아닌 성공의 기억, 성취의 기쁨이 더 큰 배움을 가져다주었던 것은 아닐까? 이제는 실수의 알고리즘이 아닌 성공과 긍정의 알고리즘을 나의 뇌 안에 입력해야 할 때다.

더 알아보기

## 코끼리를 냉장고 안에 넣는 방법

'코끼리를 냉장고에 넣은 학과별 방법'이라는 유머가 유행한 적이 있었다.

수학과에서는 코끼리를 미분한 다음 냉장고에 넣어 적분한다고 한다.

그런데 수학과는 수학 분야에 따라 냉장고 넣는 방법이 다르다.

정수 분야는 코끼리를 냉장고에 넣을 수 있는 놀라운 방법을 알고 있지만 여백이 부족하다고 말한다(페르마의 마지막 정리에 대한 패러디이다).

코끼리가 냉장고에 들어갈 때까지 밀어 넣는다는 확률 분야도 있다(원하는 특정 수가 나올 때까지 주사위를 굴리는 확률에 대한 패러디이다).

집합에서는 '코끼리∈냉장고'임을 증명한다

코끼리를 닭으로 치환하는 대수학적 방법도 있다.

또한 선형대수학, 위상수학, 수치해석학 등 많은 수학 분야에서 코끼리를 냉장고에 넣는 방법들이 패러디 되었다.

다른 학문 분야에서도 코끼리를 냉장고에 넣는 방법들을 찾아볼 수 있다.

심리학과에서는 코끼리에게 최면을 걸어 자신이 쥐라고 생각하게 한 다음 냉장고에 넣는다.

법학과에서는 코끼리의 거주지역을 냉장고라고 부르는 법률을 재정한다.

하지만 가장 단순하고 눈에 띄었던 방법은 알고리즘을 설명하기 위해 다음과 같은 유머를 사용한 것이었다. 이보다 쉽고 명확한 '코끼리를 냉장고 넣는 방법'은 지금까지 본 적이 없다. 유쾌한 웃음과 함께 알고리즘이 무엇인지를 확실히 이해하게 해 주었던 방법을 소개한다.

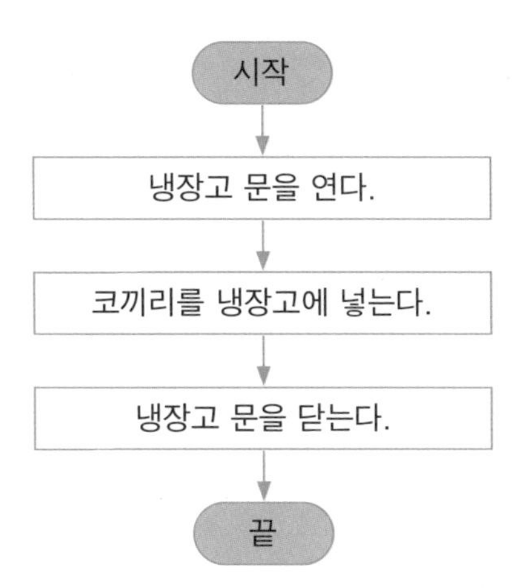


기린을 냉장고에 넣는 방법도 있다.

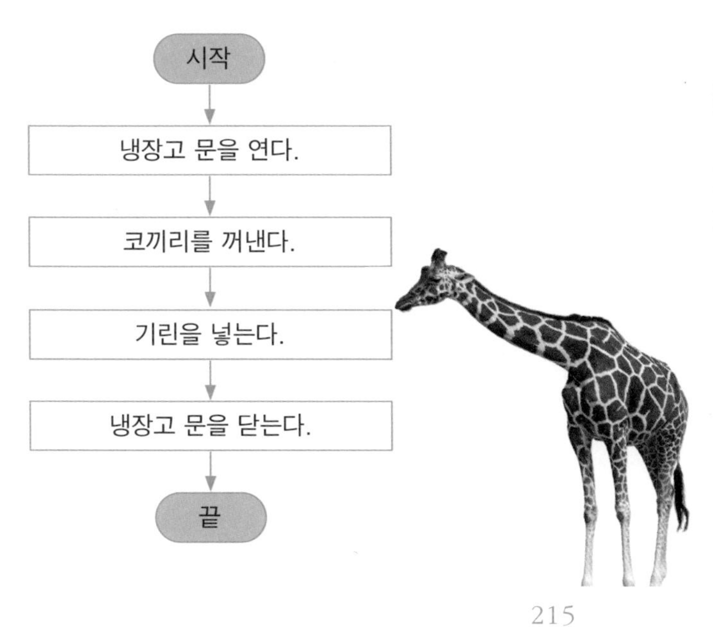

## 위대한 수학자 알 콰리즈미

알 콰리즈미는 대수학의 아버지로 불리지만 위대한 천문학자이자 지질학자이기도 하다.

알 콰리즈미의 수학적 업적은 눈부시지만 그중에서 몇 가지 꼽는다면 먼저 주어지지 않은 미지량(현재 우리가 쓰는 기호 대수학의 '$x$')의 존재를 인식하고 그 미지량 '어떤 것'을 뜻하는 단어 shay를 사용했다.

대수학^algebra^의 어원이 된 알 콰리즈미의 저서 《완성과 균형에 의한 계산 개론Kitab al-mukhasar fi hisab al-jabra wa'l muqabala》는 매우 유명하며 이 안에는 일차방정식과 이차방정식을 체계적으로 푸는 방법이 소개되어 있다.

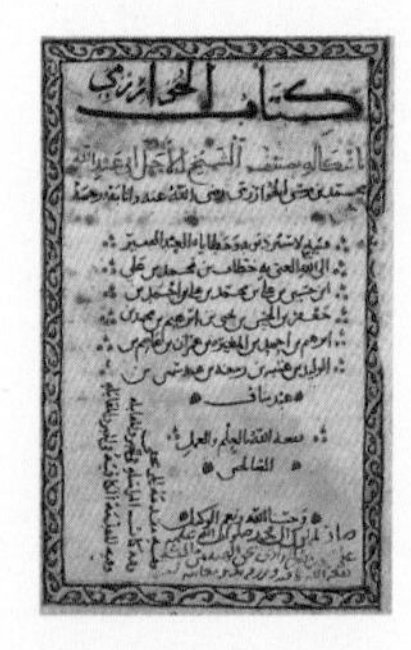

알 콰리즈미의 《완성과 균형에 의한 계산 개론》.

알 콰리즈미는 이차방정식 $x^2+3x+4=0$이 한 개의 제곱($x^2$)과 세 개의 근($3x$), 한 개의 수(4)로 이루어져 있음을 증명하고 일차방정식과 이차방정식을 여섯 가지 유형으로 분류했다.

- 제곱이 근과 같다 ($ax^2=bx$).
- 제곱이 수와 같다 ($ax^2=c$).
- 근이 수와 같다 ($bx=c$).
- 제곱과 근이 수와 같다 ($ax^2+bx=c$).
- 제곱과 수가 근과 같다 ($ax^2+c=bx$).
- 근과 수가 제곱과 같다 ($bx+c=ax^2$).

알 콰리즈미의 연구와 저서들은 전 세계 수학자들에게 많은 영향을 미쳤다.

# 참고 도서


153가지 탈무드 이야기 손영실 저 | 국민출판

22가지 수학의 원칙으로 배우는 생각공작소 크리스티안 헤세 저 | 강희진 역 | 지브레인

누구나 쉬운 수학 용어 사전 박구연 저 | 지브레인

박경미의 수학콘서트 플러스 박경미 | 동아사아

빅퀘스천 과학 헤일리 버치, 문 키트 루이, 콜린 스튜어트 저 | 곽영직 역 | 지브레인

빅퀘스천 수학 조엘 레비 저 | 오혜정 역 | 지브레인

상식으로 보는 세상의 법칙: 경제편 이한영 저 | ㈜북이십일 21세기북스

수학파티 알브레히트 보이텔슈파허, 마르쿠스 바그너 저 | 강희진 역 | 지브레인

식물학백과 한국식물학회

원전에 가장 가까운 탈무드 마이클 카츠, 거숀 슈워츠 저 | 주원규 역 | 바다출판사

컴퓨터 인터넷 IT용어대사전 전산용어사전편찬위원회 일진사

탈무드 샤이니아 저 | 홍순도 역 | 서교출판사

탈무드로 배우는 철학 이야기 꼬마 스콜라s 다수 저 | 한국슈바이처

한 권으로 끝내는 수학 페트리샤 반스 스바니, 토머스 E. 스바니 저 | 오혜정 역 | 지브레인

한 권으로 끝내는 중학수학 박구연 저 | 지브레인

두산백과

# 이미지 저작권

표지 이미지

www.shutterstock.com, www.freepik.com

본문 이미지

**www.freepik.com**

12, 14, 17, 24, 27, 36, 37, 40, 41, 56, 60, 62, 64, 65, 70, 87, 88, 90, 92, 96, 98, 100, 122, 129, 130, 132, 133, 134, 137, 138, 139, 140, 143, 146, 148, 161, 163, 169, 177, 180, 189, 202, 210, 211, 213, 215,

**www.shutterstock.com**

21, 51, 63, 66, 67, 175

국립중앙박물관; 127

서울시; 154

CC-BY-SA-3.0; migrated Gunther~commonswiki ; 44

CC-BY-SA-2.0; Carlo Nardone from Roma, Italy; 84 오른쪽

CC-BY-SA-3.0; User: Wikimol User: Wikimol  User DschwenDschwen; 170

CC-BY-SA 3.0; Christopher X Jon Jensen (CXJJensen)-Greg Riestenberg; 191